JN289471

老犬クー太 命あるかぎり

ある校長先生一家と過ごした十八年

井上夕香・作

ハート出版

クー太《た》11歳《さい》、庭《にわ》のおき石《いし》でなにを思《おも》う？

クーちゃんの庭《にわ》

きのう、わたしは、クーちゃんのおうちに行《い》ったよ。
クーちゃんの家《いえ》は、鎌倉市《かまくらし》の材木座《ざいもくざ》というところにある。
そこは、海岸《かいがん》まで歩《ある》いて十分《じゅっぷん》ほどのところ。
海風《うみかぜ》がやさしい、おしゃれな住宅街《じゅうたくがい》だ。
玄関《げんかん》のまわりは、春《はる》を告《つ》げるお花《はな》でいっぱい！
奥《おく》をのぞくと、いたずらっ子《こ》だったクーちゃんが、
小学生《しょうがくせい》だった篤《あつし》くんと走《はし》り回《まわ》った庭《にわ》がみえる。

クーちゃんが大好《だいす》きだった庭《にわ》。
思《おも》い出《で》がいっぱいつまった庭《にわ》。

クーちゃんのいないお庭《にわ》は、ちょっと淋《さび》しいけれど
空《そら》を仰《あお》げば、
「クー、クー、クー、クー！」
ほらね！
クーちゃんのかわいい声《こえ》が、
お日《ひ》さまの光《ひかり》といっしょにふってくる。

●もくじ

クー太18歳《さい》、いなかに帰《かえ》るおばあちゃんをお見送《みおく》りしようね。

クー太3歳《さい》、おかあさんにペロっと。

クーちゃんの飼《か》い主《ぬし》……、というか、ほんとは、クーちゃんが、齋藤《さいとう》さんちのみんなを飼《か》っているような気《き》もするんだけど……。

まっ、いちおう、にんげんを飼《か》い主《ぬし》とするなら、いちばんえらいのが、四年前《ねんまえ》まで、鎌倉市《かまくらし》の第《だい》一小学校《しょうがっこう》の校長先生《こうちょうせんせい》だったお父《とう》さんの齋藤彰《さいとうあきら》さん。

それよりも、もっとえらいんじゃないかと思《おも》えるのが、いま、稲村ケ崎小学校《いなむらがさきしょうがっこう》の校長先生《こうちょうせんせい》をしているお母《かあ》さんの千歳《ちとせ》さん。

千歳《ちとせ》さんは、小学校《しょうがっこう》の校長先生《こうちょうせんせい》だから、学校《がっこう》では、すごーくいばってるのかも知《し》れないけれど（ないしょ！）でも、おうちでの千歳《ちとせ》先生《せんせい》は、お父《とう》さんに甘《あま》えちゃってるやさしいお母《かあ》さんなんだよ。

そのお母《かあ》さんがね。クーちゃんのお話《はなし》をするときには、涙《なみだ》がぽろぽろ……。いつまでたっても止《と》まらないの。

悲《かな》しくって悲《かな》しくって、人《ひと》がいたっていなくたって、おいおい、泣《な》いてしまう。

「なんでかなあ？」

それはね。十九年《ねん》ちかくも、家族《かぞく》といっしょに暮《く》らしていた、愛犬《あいけん》のクーちゃんが、去年《きょねん》の暮《く》れに、天国《てんごく》に行《い》ってしまったから……。あんなになかよしだったクーちゃんが、みんなを残《のこ》して、ひとりぼっちで、旅《たび》だってしまったから……。

どうしてワンちゃんは人《ひと》より先《さき》に年《とし》をとって、死《し》んでしまうのかな？

犬《いぬ》の年齢《ねんれい》を、にんげんの年齢《ねんれい》におきかえる方法《ほうほう》も、犬《いぬ》の種類《しゅるい》によって、さまざまな違《ちが》いがあるらしいが、一般《いっぱん》に、犬《いぬ》の一歳《さい》は、にんげんの五歳《さい》にあたるといわれている。

とすると、十八歳《さい》のクーちゃんは、にんげんでいうと九十歳《さい》だ。

ということは、篤《あつし》くんの家《いえ》にきたとき、赤《あか》ちゃんだったクーちゃんが、篤《あつし》くんやお姉《ねえ》ちゃんの真由《まゆ》ちゃんを、どんどん追《お》いぬかして、おじいさんになっていくということ。

これは、当《あ》たり前《まえ》なことかもしれないけれど、ちょっとふしぎな気《き》がするよね。

クー太１５歳《さい》（上：くりはまはなのくに）、クー太１１歳（下：おとうさんと）

齋藤《さいとう》クーだって？

クーちゃんが、齋藤《さいとう》さんの家《いえ》にやってきたのは、篤《あつし》が、小学校《しょうがっこう》一年生《ねんせい》の三学期《がっき》。六《むっ》つ違《ちが》いのお姉《ねえ》ちゃんの真由《まゆ》が、中学《ちゅうがく》一年生《ねんせい》のとき。

その日《ひ》は、ひな祭《まつ》りで、真由《まゆ》のおひなさまが、お座敷《ざしき》いっぱいに飾《かざ》られていた。

クーは、うまれて一カ月《げつ》のかわいい柴犬《しばいぬ》の赤《あか》ちゃんだった。

甘《あま》えん坊《ぼう》で、クー、クー、と、よく鳴《な》いた。

篤《あつし》や真由《まゆ》が歩《ある》くと、ちょこちょこ、必死《ひっし》で後《あと》を追《お》いかける。

「かわいいな」

篤《あつし》も真由《まゆ》も、クーに、つきっきりで世話《せわ》をした。

篤《あつし》が、お母《かあ》さんに聞《き》いた。

「この犬《いぬ》、鳴《な》いてばっかいるね、どうしてこんなに泣《な》き虫《むし》なの？」

「あのね、この子《こ》は、ママから引《ひ》き離《はな》されたばかりなの。きのうまで、お姉《ねえ》ちゃんや、妹《いもうと》たちといっしょに、母《かあ》さんのおっぱいをのんでたんだよ。だからさみしくって泣《な》いてるの」

「そうなんだあ！　こんなに小《ちい》さいのに、なんか、かわいそう」

真由《まゆ》は、小《ちい》さなクーを、そっと抱《だ》っこした。

お母《かあ》さんが、ふたりに言《い》った。

「そうよ。だから、うんと大事《だいじ》にして、母《かあ》さん犬《いぬ》のかわりに、だっこして、夜《よる》じゅう、みんなで、いっしょにいてあげようね」

クーちゃんは、鎌倉市《かまくらし》の本田《ほんだ》獣医《じゅうい》さんのお世話《せわ》で、この家《いえ》にやってきた。

一カ月《げつ》というのは、赤《あか》ちゃん犬《いぬ》を、母《かあ》さん犬《いぬ》から引《ひ》き離《はな》すには、最低《さいてい》の日《ひ》にちだと獣医《じゅうい》さんは説明《せつめい》した。

「できれば、もう少《すこ》し長《なが》く、お母《かあ》さんのそばにいられるほうがいいんだけど。でも、これくらいになれば、抵抗力《ていこうりょく》もできるし、だいじょうぶ。元気《げんき》に育《そだ》ちますよ」

クーちゃんは、小田急《おだきゅう》線《せん》の伊勢原市《いせはらし》から、獣医《じゅうい》さんの車《くるま》にゆられて、二時間近《じかんちか》くかかって、篤《あつし》のところまで連《つ》れてこられた。

ほんの小《ちい》さな赤《あか》ちゃん犬《いぬ》だったし、はじめて車《くるま》にのったので、二度《ど》も三度《ど》も吐《は》いたそうだ。

獣医《じゅうい》さんは、子犬《こいぬ》にあたえるドッグフードについて、こんなふうに説明《せつめい》した。

「お湯《ゆ》でやわらかくふやかしてあげてね。まだ小《ちい》さいし、体力《たいりょく》も弱《よわ》っているから」

「はーい」

真由《まゆ》は、教《おし》えられた分量《ぶんりょう》どおりに、お湯《ゆ》をいれて、ドッグフードをやわらかくした。

篤《あつし》は、床《ゆか》にひざをつき、かちかちになって見守《みまも》っている。

「はい、できたよ。食《た》べる？」

ところが、赤《あか》ちゃん犬《いぬ》は、一口《ひとくち》も食《た》べない。

「いらないよ」

というように、そっぽをむいてしまう。

「へんだなあ。おなか、空《す》いてるはずなのに」

「お姉《ねえ》ちゃん、つくり方《かた》が悪《わる》いんじゃないの？」

篤《あつし》が言《い》った。

「そうかなあ？」

真由《まゆ》は、お湯《ゆ》の分量《ぶんりょう》をかえて、つくりなおしてみた。

でも、やっぱり食《た》べない。

また、つくりなおす。

また、知《し》らん顔《かお》。

あいかわらず、ちょこちょこ、せわしなく、みんなのあいだを歩《ある》きまわっては、

「もっとおいしいものないのかよ？」

というような顔《かお》をして、真由《まゆ》をみあげる。

「なんで食《た》べないの？　もう……」

こまった真由《まゆ》は、ドッグフードをそのままお皿《さら》に入《い》れてみた。するとクーが、かけよってきて、カリカリ、カリカリ、食《た》べはじめたではないか。

篤《あつし》が、顔色《かおいろ》をかえた。

「あ、食《た》べちゃったよ。獣医《じゅうい》さんが、かたいのはダメ、って言《い》ったのに」

「ほんと！　どうなっちゃってるの？」

みんなが、どんなにさわいでも、クーちゃんは、知《し》らん顔《かお》。カリカリおいしそうに食《た》べるだけ。

大人《おとな》になってから、真由《まゆ》さんは、このときのことを、こんなふうに言《い》う。

「あれが、クー太《た》の、わがままのはじまりだったんです。あれからずっと、クーは、うちのお殿《との》さま……、家族《かぞく》はみーんなクーの家来《けらい》。ふふふ……」

クー太《た》の名前《なまえ》がきまったのは、次《つぎ》の日《ひ》の朝《あさ》だ。

クー太8ヵ月《げつ》、まだまだ小《ちい》さくてほそいね。

学校《がっこう》に行《い》く前《まえ》のお父《とう》さんが、ドッグフードの箱《はこ》と、ペンを持《も》って、篤《あつし》のところにやってきた。

「篤《あつし》、この子《こ》の名前《なまえ》をつけるといいよ」

「えっ、篤《あつし》が？」

「そうだよ。家族《かぞく》のうちで、篤《あつし》がいちばん、かかわっていく犬《いぬ》なんだから、篤《あつし》がつけなさい」

「ほんと？」

篤《あつし》は、とびあがった。

「なんてつけようかな？」

クーをみると、クーは、あいかわらず、クークー、鳴《な》いていた。

ちょこっと、歩《ある》いては、また、クーと、鳴《な》く。

「わかった！　クーがいいよ。クー、クー、って鳴《な》くから、クー、クーちゃんにしよう」

篤《あつし》は『クーちゃん』と、紙《かみ》に大《おお》きく書《か》いて、お父《とう》さんに渡《わた》した。

「えっ、ただのクー？」

お姉《ねえ》ちゃんが、にらんだ。

「クー、って、それだけ？　クークー鳴《な》くからクーだなんて、そんな名前《なまえ》のつけかたって、おかしいよ。もっとカッコいい名前《なまえ》、考《かんが》えてよ」

「じゃ、お姉《ねえ》ちゃんだったら、何《なに》にする？」

「うーんと……、タ、タローは？」

「タロー!?」

「まずいか！　そうね。もっと、いい名前《なまえ》ないかなあ？」

「じゃ、もういっかい、聞《き》いてみるよ。クーちゃん、クーちゃん、クーちゃんの名前《なまえ》、クーでいい？」

「クー、クー、クー、クー、クー」

「ほらね。やっぱり、クーがいいんだって」

篤《あつし》は、にこっと笑《わら》って、みんなを見《み》た。

「これできまったよ！　この子《こ》のなまえは、齋藤《さいとう》クー」


「うーむ……」

お父《とう》さんが、首《くび》をかしげた。

「クー、ねえ。クーだけじゃ、まのびがしてるよ。なんかものたりないね。この犬《いぬ》は、血統書《けっとうしょ》つきの犬《いぬ》なんだよ」

「血統書《けっとうしょ》つきって？」

真由《まゆ》がたずねた。

「この子《こ》は、由緒正《ゆいしょただ》しい、柴犬《しばいぬ》だってことだ。前《まえ》に、お父《とう》さんたちが飼《か》っていた犬《いぬ》は、おなじ柴犬《しばいぬ》でも、雑種《ざっしゅ》の柴犬《しばいぬ》だった。それにくらべてこんどは、純粋《じゅんすい》の柴犬《しばいぬ》ってことだ。この子《こ》のお父《とう》さんも、お母《かあ》さんも、れっきとした柴犬《しばいぬ》なんだ」

「ふーん、そうなの？」

「血統書《けっとうしょ》は、まだ送《おく》られてきていないが、クーには、正式《せいしき》な名前《なまえ》があるんだよ。たしか、武緑号《たけみどりごう》だったかな？」

「タケミドリ？」

「そんなことどうだっていいよ。クーちゃんの名前《なまえ》と関係《かんけい》ないよ」

篤《あつし》が大声《おおごえ》を出《だ》した。

「そうか、そうか。わかった、わかった。いまはとにかく、みんな学校《がっこう》に行《い》かなきゃな。さあ、遅刻《ちこく》しないように。お母《かあ》さん、鍵《かぎ》をおねがいするよ」


齋藤家《さいとうけ》の朝《あさ》はいそがしい。

お父《とう》さんとお母《かあ》さんが、学校《がっこう》に出《で》かける。真由《まゆ》も篤《あつし》も、学校《がっこう》にでかける。

なにしろ、一家全員《いっかぜんいん》が、学校《がっこう》に行《い》くんだ。

学校《がっこう》から真《ま》っ先《さき》に帰宅《きたく》するのは、一年生《ねんせい》の篤《あつし》だ。

小《ちい》さい頃《ころ》には、いつもお守《も》りをしてくれたおじいちゃんが、篤《あつし》が三歳《さい》のときに亡《な》くなってしまった。

お父《とう》さんやお母《かあ》さんの帰《かえ》りがおそいとき、篤《あつし》の保育園《ほいくえん》のお迎《むか》えを引《ひ》き受《う》けてくれた真由《まゆ》は、中学生《ちゅうがくせい》になった。

中学生《ちゅうがくせい》になると、バスケットの部活《ぶかつ》がいそがしくて、早《はや》くは帰《かえ》ってこられない。

ときどき、お手伝《てつだ》いのおばさんが、来《き》てはいたけれど、放課後《ほうかご》、子供《こども》たちを預《あず》かってくれる「学童《がくどう》」に、篤《あつし》は行《い》っていなかったので、ひとりぼっちで家《いえ》にいることが多《おお》かった。

だからお父《とう》さんは、篤《あつし》に、飼《か》い犬《いぬ》の名前《なまえ》をつけさせてくれたのだ。

それから一ヵ月《げつ》ほどたったころ、日本犬保存会《にほんけんほぞんかい》から、クー太《た》の血統書《けっとうしょ》が届《とど》いた。

クー太《た》の正式名《せいしきめい》は、お父《とう》さんが言《い》っていたように、『武緑号《たけみどりごう》！』

わぁ！　えらそうな名前《なまえ》だな。

そのころからなんとなく「ただのクー」に「太《た》」がついて、クーの名前《なまえ》が「クー太《た》」に昇格《しょうかく》した。

動物病院《どうぶつびょういん》への、クー太《た》の登録名《とうろくめい》は、『齋藤《さいとう》クー太《た》』一九八七年《ねん》、二月三日《がつみっか》、節分《せつぶん》の日生《ひう》まれ。

齋藤家《さいとうけ》に、クー太《た》がきたのは、三月三日《がつみっか》。ひな祭《まつ》りの日《ひ》。

こう書《か》いてみると、クーちゃんて、うまれつき、ラッキーなワンちゃんなんだなあ！

ハッピーとハナコ

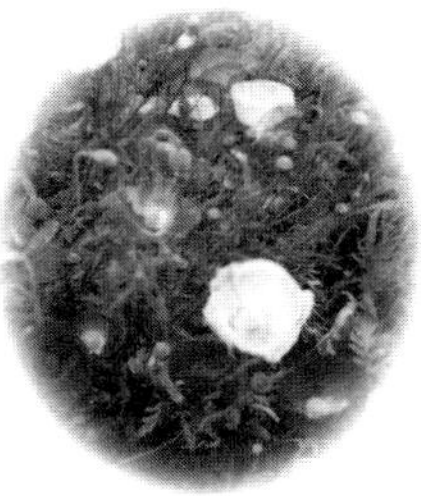

ところで、どうして柴犬《しばいぬ》のクー太《た》が、齋藤《さいとう》さんの家《いえ》にくることになったのだろう？

話《はなし》は、まだ子供《こども》たちが生《う》まれていなかったころにさかのぼる。

お父《とう》さんが先生《せんせい》をしていた、鎌倉市《かまくらし》の深沢小学校《ふかさわしょうがっこう》に、小《ちい》さな捨《す》て犬《いぬ》が迷《まよ》いこんできた。

だれも引《ひ》き取《と》ってくれる人《ひと》はいない。

かわいそうに思《おも》ったお父《とう》さんは、子犬《こいぬ》をダンボール箱《ばこ》に入《い》れて連《つ》れて帰《かえ》った。

「捨《す》て犬《いぬ》？　こんなに小《ちい》さいのにかわいそう。なんとかして飼《か》ってやりましょうよ」

犬《いぬ》が大好《だいす》きなお母《かあ》さんは、よろこんで子犬《こいぬ》の世話《せわ》をひきうけた。

しかし、そのころのお母《かあ》さんも、今《いま》と同《おな》じように小学校《しょうがっこう》の先生《せんせい》だ。ふたりそろって教育《きょういく》の現場《げんば》で、責任《せきにん》のある仕事《しごと》をしていたので、留守《るす》をすることも多《おお》い。

世話《せわ》のやける子犬《こいぬ》を飼《か》うのは、大変《たいへん》なことだった。

でも、連《つ》れてきたからには、さびしい思《おも》いをさせてはならない。同居《どうきょ》していたおじいちゃんにも協力《きょうりょく》してもらって、がんばって捨《す》て犬《いぬ》を育《そだ》てることにした。

なまえは「ハッピー」、幸《しあわ》せになるように。

クー太２歳《さい》、篤《あつし》くんの背《せ》を追《お》いぬくぞ。

ところが、ふとしたことから、ハッピーが、門《もん》の外《そと》にとびだして、交通事故《こうつうじこ》にあってしまった。六月《がつ》二十五日《にち》のことだった。まだ一歳《さい》のお誕生日《たんじょうび》もきていなかったのに……。

ハッピーは、捨《す》て犬《いぬ》だから誕生日《たんじょうび》がわからない。そこで、お母《かあ》さんの千歳《ちとせ》さんの誕生日《たんじょうび》の九月《がつ》になったら、

「ハッピーも、いっしょにお祝《いわ》いしようね」

と、楽《たの》しみにしていた矢先《やさき》のことだった。

「柴犬《しばいぬ》の雑種《ざっしゅ》だから、耳《みみ》が立《た》つね。しっぽも巻《ま》いてくるかな?」

柴犬《しばいぬ》が大好《だいす》きなお父《とう》さんも、ハッピーの成長《せいちょう》を、楽《たの》しみに待《ま》っていた。

それなのに、ハッピーは、短《みじか》い命《いのち》を終《お》えてしまった。

お父《とう》さんもお母《かあ》さんも、心《こころ》の底《そこ》から、後悔《こうかい》した。

「ごめんね、ハッピー。許《ゆる》してね」

目《め》を離《はな》しさえしなければ、事故《じこ》は起《お》こらなかったはずだ。

ハッピーのこの事件《じけん》は、ふたりの心《こころ》に深《ふか》い傷跡《きずあと》をのこした。

「もう二度《ど》と、犬《いぬ》を飼《か》うのは、よそう!」


そう思《おも》いつづけてきた齋藤《さいとう》さんだったが、またもや、捨《す》て犬《いぬ》騒動《そうどう》に巻《ま》きこまれてしまった。

これが、クー太《た》がくる直接《ちょくせつ》のきっかけになった「捨《す》て犬《いぬ》ハナコ」の事件《じけん》だ。

ハナコの事件《じけん》は、お母《かあ》さんが、鎌倉《かまくら》の玉縄《たまなわ》小学校《しょうがっこう》の先生《せんせい》をしていたときに起《お》こった。

ある日《ひ》、お母《かあ》さんが学校《がっこう》にいくと、捨《す》て犬《いぬ》が保護《ほご》されていた。白《しろ》い毛並《けな》みのかわいい子犬《こいぬ》だった。どこかで迷《まよ》っていたのを、生徒《せいと》が学校《がっこう》に連《つ》れてきたらしい。

「かわいそうだね」

行《い》き先《さき》をみんなで考《かんが》えた。

「どうすればいい？」

「うちで飼《か》えるかな？」

給食室《きゅうしょくしつ》のおばさんが、連《つ》れて帰《かえ》った。

けれども、三日《みっか》もたつと、捨《す》て犬《いぬ》はもどされてくる。

こんどは、クラスの先生《せんせい》が、連《つ》れて帰《かえ》る。一週間《しゅうかん》もすると、また返《かえ》されてくる。

「やっぱり飼《か》えない。千歳先生《ちとせせんせい》、うちではむりです」

日《ひ》を追《お》うごとに、ワンちゃんは、元気《げんき》がなくなっていく。

新《あたら》しいところに連《つ》れて行《い》かれるたびに、捨《す》て犬《いぬ》は思《おも》うだろう。

「ああ、やっと、ご主人《しゅじん》さまがみつかった！　こんどは、ここで飼《か》ってもらえるのかな？」

ところが、新《あたら》しい環境《かんきょう》にやっと慣《な》れたところで、また、ぽーんと捨《す》てられてしまう。

そんな状況《じょうきょう》が、何日《なんにち》もつづいた。

学校《がっこう》では、そんな捨《す》て犬《いぬ》を、とにかくみんなで懸命《けんめい》に世話《せわ》をしていた。

でも、学校《がっこう》でいつまでも捨《す》て犬《いぬ》を保護《ほご》しているわけにはいかない。

引《ひ》き取《と》る人《ひと》がいなければ、保健所《ほけんじょ》に連《つ》れて行《い》かなければならない。

そういう話《はなし》を聞《き》いた千歳先生《ちとせせんせい》は、気《き》が気《き》ではなかった。

「保健所《ほけんじょ》なんて、そんな！　それだけは、さけたい」

保健所《ほけんじょ》に引《ひ》き取《と》られた犬《いぬ》は、引《ひ》き取《と》り手《て》が現《あらわ》れないかぎり、一週間《しゅうかん》もしないうちに、ガス室《しつ》で殺《ころ》されてしまう。

「なんとかして、この犬《いぬ》を助《たす》けたい。でも……」

お母《かあ》さんの心《こころ》には、ハッピーの悲《かな》しい事件《じけん》が焼《や》きついている。

責任《せきにん》を持《も》って、この犬《いぬ》を飼《か》うことができるだろうか？

千歳先生《ちとせせんせい》の心《こころ》はゆれた。

そのうちに先生《せんせい》は、ふと、考えた。

「そうだ。もう一度《ど》、もう一回《かい》だけ、きちんと生徒《せいと》たちに、頼《たの》んでみよう」

千歳先生《ちとせせんせい》は、六年生《ねんせい》の子供《こども》たちに、話《はなし》を持《も》ちかけた。

「みんな、聞《き》いて！　もらい手《て》がなければ、この犬《いぬ》は保健所《ほけんじょ》にいかなければならないの。だれか気持《きも》ちのある子《こ》がいたら、考《かんが》えてくれる？　でも、自分《じぶん》だけが好《す》き！　飼《か》いたい！　と思《おも》ってもだめなのよ。それじゃ、この子《こ》が幸《しあわ》せになれないでしょ。きょう、帰《かえ》ったら、お父《とう》さんや、お母《かあ》さんに、よーく、相談《そうだん》してみてください」

生徒《せいと》たちに、そう投《な》げかけて、千歳先生《ちとせせんせい》は教室《きょうしつ》を出《で》た。

低気圧《ていきあつ》だ。嵐《あらし》がやってくるらしい。

冷《つめ》たい風《かぜ》が吹《ふ》きあれ、大粒《おおつぶ》の雨《あめ》が降《ふ》ってきた。

犬《いぬ》が保護《ほご》されている部屋《へや》のドアをあけると、ダンボールに入《はい》った子犬《こいぬ》が、ふるえていた。

「かわいそうだなあ。今夜《こんや》、この子《こ》は、ひとりぼっちで、ここで眠《ねむ》るのかなあ」

千歳先生《ちとせせんせい》は、いてもたってもたまらない気持《きも》ちになった。

拾《ひろ》われては、捨《す》てられ、それを、くりかえして、あげくのはてに、保健所《ほけんじょ》に連《つ》れて行《い》かれるなんて……。

「もし、自分《じぶん》だったらどうするだろう」

あふれた涙《なみだ》が、ぽつんと子犬《こいぬ》の首《くび》をぬらした。

ハナコ、散歩《さんぽ》に行《い》くぞ

しばらく、ぼんやりしていた千歳先生《ちとせせんせい》は、あわてて公衆電話《こうしゅうでんわ》に走《はし》った。

(お父《とう》さんに相談《そうだん》してみよう)

受話器《じゅわき》から、お父《とう》さんの声《こえ》が聞《き》こえた。

「連《つ》れて帰《かえ》るのはいいけれど、その子《こ》は、もらわれては、捨《す》てられ、そのたびに悲《かな》しい思《おも》いをしている。にんげんが信《しん》じられなくなっているに違《ちが》いない。ずっと飼《か》ってやる気持《きも》ちがあるならいいけれど、そこのところを、よーく考《かんが》えて行動《こうどう》しないと……」

「ほんとにそう！　それはよくわかってるの」

部屋《へや》に戻《もど》った千歳先生《ちとせせんせい》は、捨《す》て犬《いぬ》を見《み》ながら、せっぱつまった気《き》持《も》ちで考《かんが》えた。

（こんな嵐《あらし》の夜《よる》、この犬《いぬ》は、まっくらな部屋《へや》でひとりぼっちで過《す》ごすの？　そんなの放《ほう》っておける？　でも……）

千歳先生《ちとせせんせい》の胸《むね》に、ハッピーのつらい事件《じけん》が、よみがえってくる。

（あんなに悲《かな》しい思《おも》いをするのは、二度《ど》と耐《た》えられない……）

子犬《こいぬ》は、クーンと鼻《はな》を鳴《な》らして、先生《せんせい》にすりよってくる。

（どうしよう！　迷《まよ》ってる場合《ばあい》じゃない。今夜《こんや》だけでも、うちに連《つ》れて行《い》こう）

千歳先生《ちとせせんせい》の腕《うで》は、ひとりでに、犬《いぬ》を入《い》れたダンボール箱《ばこ》にかかっ

クー太２歳《さい》、「篤《あつし》くん、写真《しゃしん》なんかより、はやく遊《あそ》ぼうよ」

ていた。

家《いえ》にたどりついて、ドアをあけたとたん、大変《たいへん》なさわぎになった。

「いぬだ！　いぬだ！」

篤《あつし》と真由《まゆ》が、とびあがった。

「わーい！　これ、飼《か》うんだね」

「やったあ！　やったあ！」

ワンちゃんのほうも、予想外《よそうがい》の歓迎《かんげい》ぶりに興奮《こうふん》したらしい。

急《きゅう》に、外《そと》にとびだして、水《みず》しぶきをはねながら走《はし》りまわった。

篤《あつし》が、あとを追《お》いかける。

「あっ！」

ガッチャーン！　ガラ、ガラ……、ガラ！

玄関《げんかん》の横《よこ》の斜《なな》めのスペースに並《なら》べた植木鉢《うえきばち》が、次々《つぎつぎ》に転《ころ》げおちた。

びしょぬれになった犬《いぬ》が、また、部屋《へや》の中《なか》にとびこんでくる。

「まってぇ〜」

大《おお》さわぎとなった。

しばらくして、真由《まゆ》は真新《まあたら》しいタオルを持《も》ちだして、犬《いぬ》の体《からだ》をふいてやっている。

お母《かあ》さんが不思議《ふしぎ》に思《おも》ったのは、お父《とう》さんの態度《たいど》だった。

大事《だいじ》な花《はな》の鉢《はち》を壊《こわ》されたのに、ぜんぜん怒《おこ》らない。

雨《あめ》あがりの空《そら》をみあげながら、

「ハナコ、散歩《さんぽ》に行《い》くぞ」

なんて、適当《てきとう》に名前《なまえ》までつけちゃって、すっかり、捨《す》て犬《いぬ》を飼《か》う気《き》になっている。

それを見《み》ながらお母《かあ》さんは、考《かんが》えた。

「お父《とう》さんも、この犬《いぬ》を受《う》け入《い》れている。子供《こども》たちもこんなに喜《よろこ》んでいる。ハッピーの事件《じけん》は、決《けっ》して忘《わす》れられないけれど、わたしも、そろそろ心《こころ》を変《か》えて、ハナコを飼《か》ってあげようかな」

次《つぎ》の日《ひ》、お母《かあ》さんは、はればれとした気持《きも》ちで、学校《がっこう》に行《い》った。

ハナコのことを生徒《せいと》に知《し》らせるときのことを思《おも》うと、心《こころ》がはずんでくる。

(あのワンちゃんは、先生《せんせい》のところで飼《か》えることになったのよ。もう、保健所《ほけんじょ》に行《い》かなくてもいいの。名前《なまえ》もね、ハナコってつけたんだよ。みんなも、遊《あそ》びにきてね。いつでも、好《す》きなときにハナコのようすを見《み》にいらっしゃい）

こんなふうに話《はな》したら、みんな喜《よろこ》ぶだろうな。だって、しばらく学校《がっこう》にいた犬《いぬ》だもの。六年生《ねんせい》にもなれば、保健所《ほけんじょ》に行《い》くことの意味《いみ》も理解《りかい》しているはずだし。

ところが、学校《がっこう》についたとたん、一人《ひとり》の生徒《せいと》が、かけよってきた。

「先生《せんせい》！　お父《とう》さんとお母《かあ》さんに相談《そうだん》したら、あの犬《いぬ》、飼《か》ってもいいって」

「えっ!?」

「先生《せんせい》、あの犬《いぬ》、いま、どこにいるんですか？」

「あのー……」

口《くち》ごもりながら先生《せんせい》は答《こた》えた。

「じつはね。いま、先生《せんせい》のうちにいます。もらい手《て》がなかったら、保健所《ほけんじょ》に連《つ》れていかれるから、かわいそうで、どうしても放《ほう》っておけなかったから、連《つ》れて帰《かえ》ったの」

「そうだったの！　じゃあ、先生《せんせい》。あの犬《いぬ》、早《はや》く返《かえ》してください」

「返《かえ》す？」

あっけにとられて、先生《せんせい》はくりかえした。頭《あたま》がぐるぐるまわった。

（たいへんだ！　うちの子《こ》たちをどうやって説得《せっとく》するか……）

大急《おおいそ》ぎで仕事《しごと》を終《お》えて、千歳先生《ちとせせんせい》は、家《いえ》に帰《かえ》った。

「よく聞《き》いてね。じつは、六年生《ねんせい》のクラスで、この犬《いぬ》がほしい子《こ》ができたの。だから……」

みなまで言《い》わせず、篤《あつし》がさけんだ。

「だめ！　この子《こ》は、もう、うちの犬《いぬ》なんだよ」

「そうよ。だから絶対《ぜったい》だめ！　名前《なまえ》だってつけたんだからね」

真由《まゆ》もまっかになって怒《おこ》っている。

お母《かあ》さんは、ほとほと困《こま》ってしまった。

子供《こども》たちの意見《いけん》をいつも大切《たいせつ》にしてきたお母《かあ》さんだったが、生徒《せいと》との約束《やくそく》ごとは、きちんと守《まも》らなければならない。

「わかった！　ふたりがそんなに言《い》うなら、またほかの犬《いぬ》をさがしてあげる。だから、ハナコを学校《がっこう》に連《つ》れていってていいでしょう!?」

「だめ！　代《か》わりの犬《いぬ》じゃだめだ！　ハナコは、世界《せかい》に一匹《ぴき》しかいないよ。ほかの犬《いぬ》とは、くらべられないいんだよ」

篤《あつし》の目《め》から、ぽたぽたと、涙《なみだ》がおちた。

お母《かあ》さんも、これには困《こま》った。

（篤《あつし》の気持《きも》ちはよくわかる。けれども、ここは、なんとか子供《こども》たちにわかってもらわなくては）

お母《かあ》さんは、よく考《かんが》えながら、言葉《ことば》を分《わ》けて説明《せつめい》した。

1、この犬《いぬ》はいくところがなくて、明日《あした》は保健所《ほけんじょ》に連《つ》れていかれると聞《き》いたから、しかたなくお母《かあ》さんが引《ひ》き取《と》ってきたこと。
2、学校《がっこう》の生徒《せいと》は、はじめから、この犬《いぬ》がほしかった。約束《やくそく》どおり、家族《かぞく》の人《ひと》にも相談《そうだん》して、この犬《いぬ》を引《ひ》きとりたいといってきている。

3、ハナコの身《み》になってみれば、どうだろう？　ほしくてもらわれるのと、行《い》き先《さき》がないから引《ひ》きとられるのとでは、どっちがいいかな？

それに、将来《しょうらい》、ふたりの心《こころ》に、この犬《いぬ》は、行《い》き先《さき》がないから引《ひ》きとってやった、という気《き》持《も》ちが起《お》こるかも知《し》れないし。

「わかった！」

篤《あつし》は、まっすぐにお母《かあ》さんを見《み》た。

「ぼく、あきらめるよ、ママ。ハナコを学校《がっこう》に連《つ》れていっていいよ」

すりよってくるハナコを横目《よこめ》に、篤《あつし》は、しばらく泣《な》いていた。

真由《まゆ》も、下《した》を向《む》いて涙《なみだ》をみせないようにしている。

お母《かあ》さんもつらかった。

(この子《こ》たちは、ハナコのこと、よほど嬉《うれ》しかったんだなあ。かわいそうに。こうなったら、いそいで、かわりの犬《いぬ》をさがさなければ)

しーんとなった家《いえ》のなかで、時計《とけい》の音《おと》だけが、コチコチとひびいていた。

一万円《まんえん》ずつだって?

次《つぎ》の日《ひ》、学校《がっこう》に行《い》って、千歳先生《ちとせせんせい》は、生徒《せいと》たちに事情《じじょう》を伝《つた》えた。
「先生《せんせい》こまってるの。うちの子《こ》たちが、あの犬《いぬ》を返《かえ》すのいや!　っ

て言《い》いだしてね。やっとのことで説得《せっとく》したんだけど、ほんとに先生《せんせい》まいっちゃった」

すると、二、三人《にん》の生徒《せいと》が、こんなことを言《い》い出《だ》した。

「だったら先生《せんせい》、いいことがあるよ。本田獣医《ほんだじゅうい》さんのところに『子《こ》犬《いぬ》あげます』って、貼《は》り紙《がみ》がしてあったよ」

「ほんと？」

「三匹《びき》いるって」

「えっ、だったら先生《せんせい》、本田獣医《ほんだじゅうい》さんのところに電話《でんわ》してみるね」

千歳先生《ちとせせんせい》は、獣医《じゅうい》さんに、いそいで電話《でんわ》をかけた。

ところが三匹《びき》の子犬《こいぬ》は、もう、もらい手《て》が付《つ》いたという話《はなし》だった。

「そうなんですか……」

残念《ざんねん》そうにいう千歳先生《ちとせせんせい》に、やさしい本田《ほんだ》さんは教《おし》えてくれた。

「あの子《こ》たちは、もういませんけれど、ほかの犬《いぬ》ならお世話《せわ》できるかもしれません」

「ほんとですか？　それ、どんなワンちゃんですか？」

「血統書《けっとうしょ》つきの柴犬《しばいぬ》の赤《あか》ちゃんです。産《う》まれたばかりですから、いますぐというわけにはいきませんが……」

「血統書《けっとうしょ》つき？」

「そうです。いい血筋《ちすじ》の犬《いぬ》ですよ。お父《とう》さんは『緑錦号《みどりにしきごう》』です。お母《かあ》さんは『百合姫号《ゆりひめごう》』といいます」

「えっ？」

胸《むね》がどきどきしてきた。

お母《かあ》さんは、故郷《こきょう》の四国《しこく》にいるころから、何匹《なんびき》も犬《いぬ》を飼《か》ってきたが、いつも保護《ほご》された犬《いぬ》や、野良犬《のらいぬ》だった。

血統書《けっとうしょ》つきなんていう話《はなし》が舞《ま》いこんだのは、こんどが初《はじ》めてだ。

帰《かえ》って話《はな》すと、まず、お父《とう》さんが、夢中《むちゅう》になってしまった。

「ハッピーは、柴犬《しばいぬ》の雑種《ざっしゅ》だったけれど、こんどは、柴犬《しばいぬ》の血統書《けっとうしょ》つきか。うーん、こりゃあ、すごいことになった」

でも、問題《もんだい》がひとつ残《のこ》っていた。

病院《びょういん》の先生《せんせい》は『お世話《せわ》します』と、いわれた。ということは、犬《いぬ》をもらうためには、お金《かね》がかかるということだ。

お父《とう》さんは、子《こ》どもたちを集《あつ》めた。

「真由《まゆ》。篤《あつし》。この犬《いぬ》を飼《か》うことに賛成《さんせい》かな？」

「賛成《さんせい》！　大《だい》さんせい！」

「そうか。それでは、こういうことにしてはどうだろう？」

お父《とう》さんの考《かんが》えた名案《めいあん》は、

「犬《いぬ》を飼《か》うということは、家族全員《かぞくぜんいん》がじぶんの犬《いぬ》としてかわいがって育《そだ》てていくことだよ。子犬《こいぬ》は、獣医《じゅうい》さんから、四万円《まんえん》で譲《ゆず》ってもらえる。おまえたちも、子犬《こいぬ》がほしいし、お父《とう》さんもお母《かあ》さんも同《おな》じだ。ということは、これからは家族全員《かぞくぜんいん》で、責任《せきにん》を持《も》って犬《いぬ》を飼《か》うことになる。だから、ひとりが一万円《まんえん》ずつお金《かね》を出《だ》すのはどうだろう？」

「ええっ！」

「篤《あつし》も真由《まゆ》も出すの？」

「だって、ふたりとも、四国《しこく》のおばあちゃんから、お年玉《としだま》もらって貯金《ちょきん》がいっぱいあるだろう？」

「そりゃ、あるけど……。そうだね、真由《まゆ》たちも出《だ》そうか。篤《あつし》はどうおもう？」

「うんと……、ぼくも出《だ》すよ。お姉《ねえ》ちゃんだってそうするんでしょ、ね、そうしようよ！」

「じゃあ、きまり！　お父《とう》さんが一万円《まんえん》。お母《かあ》さんが一万円《まんえん》。真由《まゆ》が一万円《まんえん》。篤《あつし》も一万円《まんえん》。みんなでなかよく、合計《ごうけい》四万円《まんえん》なーり！」

お母《かあ》さんが、すまして言《い》って、家族会議《かぞくかいぎ》はおわりとなった。

クー太《た》は、こういう経過《けいい》をたどって、齋藤家《さいとうけ》の住人《じゅうにん》となったのだった。

クー太《た》の階級《かいきゅう》づくり

犬《いぬ》は階級《かいきゅう》をつくるという。階級《かいきゅう》というのは位《くらい》。順番《じゅんばん》だ。

クー太《た》も、齋藤家《さいとうけ》の犬《いぬ》になってしばらく時《とき》がたつと、家族《かぞく》にそれぞれ、位《くらい》と仕事《しごと》を割《わ》り当《あ》てた。

クー太《た》がつくった位《くらい》は、お父《とう》さんが、にんげんのなかでは、いちばんえらい人《ひと》で、仕事《しごと》は「散歩係《さんぽがか》り」ということはつまり「おしっこ係《がか》り」と「うんち係《がか》り」。

お母《かあ》さんは、頼《たよ》りになるやさしい人《ひと》で、お母《かあ》さんの仕事《しごと》は「食《た》べ物係《ものがか》り」と「お医者《いしゃ》さん係《がか》り」。

真由《まゆ》は、きれいなやさしいお姉《ねえ》さんだから、そこそこ尊敬《そんけい》はしているが、いざというときは「微妙《びみょう》な立場《たちば》」。

篤《あつし》の位《くらい》は、残念《ざんねん》ながら、いちばん下《した》で、自分《じぶん》の弟《おとうと》で「遊《あそ》び相手《あいて》」おまけに「家来《けらい》」。

だから、篤《あつし》のいうことを聞《き》くなんて、とんでもないって、思《おも》っているらしい。

あるとき、お母《かあ》さんが帰《かえ》ってくると、篤《あつし》が半泣《はんな》きで、かけよってきた。

「ママ、あのね、あのね、クーちゃんがね」

「どうしたの？」

「クーが、ぜんぜんいうことを聞《き》いてくれないんだよ」

「いうこと聞《き》かないって？」

「家《いえ》に入《はい》ろうっていっても、入《はい》ってくれないんだ」

学校《がっこう》から帰《かえ》った篤《あつし》は、ランドセルをほうりだしたままで、クー太《た》と庭《にわ》で遊《あそ》んでやった。

おいかけっこをしたり、ボールとりをさせたりして、クーちゃんと遊《あそ》んだ。

そのうちに篤《あつし》は、遊《あそ》びにあきてきた。のどもかわいたし、おやつも食《た》べたくなった。

ところが、いくらクー太《た》に、

「中《なか》に入《はい》れ！」

と命令《めいれい》しても、走《はし》り回《まわ》ってばかりいて、ぜんぜん聞《き》いてくれない。

クー太2歳《さい》、かわいくも、いさましい顔《かお》つきに。

反対《はんたい》に、

「おい！　篤《あつし》、もっと遊《あそ》ぼうよ。このボール放《ほう》り投《な》げるんだ！」

と、ボールを鼻《はな》でころがして、けしかけてくる。

「いやんなっちゃうよ。ママが言《い》えばすぐに聞《き》くのに、なんで、ぼくのいうこと、きいてくれないの？」

（そりゃあね。篤《あつし》の階級《かいきゅう》が下《した》だから）

と、うっかり言《い》いかけて、お母《かあ》さんは口《くち》を押《お》さえた。

「あのね。篤《あつし》が家《いえ》に入《はい》りたい。それはわかる。でも、クー太《た》はどうなの？　クーは外《そと》でもっと遊《あそ》びたい。だから中《なか》に入《はい》りたくない。篤《あつし》のいうことをきかなくたって、あたりまえでしょ」

「そりゃそうだけど……、でも……」

「だから、篤《あつし》がクーと遊《あそ》びたかったら、クーのペースに合《あ》わせる。相手《あいて》の身《み》になって考《かんが》えることって大事《だいじ》なことなのよ。それに、クーは犬《いぬ》なんだもの」

「そうかなあ？」

「そうすれば、クーだってだんだん篤《あつし》のこと、尊敬《そんけい》するようになる。『篤《あつし》くんは、やさしいお兄《にい》さんだな。おねがいすればちゃんと遊《あそ》んでくれるんだ』って」

「そうかなあ？」

ごそごそ……。カーテンがゆれて、クー太《た》が、きまりわるそうな顔《かお》をして中《なか》に入《はい》ってきた。

お母《かあ》さんのそばに、仰向《あおむ》けになって、お腹《なか》を出《だ》して、甘《あま》えた声《こえ》で、
クー！　クー！　と、鳴《な》いている。

「なんだよう！　クーったら、ママに甘《あま》えちゃって！」

お母《かあ》さんは、クー太《た》に、お説教《せっきょう》しないばかりか、大好物《だいこうぶつ》のカステラを棚《たな》から取《と》り出《だ》してきた。

「クーちゃん、おなかすいたね。きょうのおやつは、クーちゃんの好《す》きなカステラだよ」

「なに、カステラだって？」

篤《あつし》は、つばをごくりとのみこんだ。

「ちょっと、ママ、篤《あつし》のおやつも忘《わす》れないでほしいよ。ぼくだってカステラ大好《だいす》きなんだからね」

シュークリーム事件《じけん》

クー太《た》は、お菓子《かし》が大好《だいす》きな犬《いぬ》だった。とくに好《す》きなのが、シュークリームと、鎌倉名物《かまくらめいぶつ》のカスター。それと、さっきも書《か》いた、カステラ。

ほんと！　ぜいたく。そんなケーキなら、だれだって好《す》きだよ。みんなだって食《た》べたいよね。

齋藤《さいとう》さんちでは、だれかが、ケーキの箱《はこ》をもって現《あらわ》れると、まず、子供《こども》たちがかぎつける。

つぎに、かならず、クー太《た》が、

「えっ、なになに？」

というように、よってきて、いすに飛《と》び乗《の》って、鼻《はな》をふんふん動《うご》かしはじめる。

「ぼくに、ないしょで食《た》べるなよ」

と、ケーキの箱《はこ》から目《め》をはなさない。

ジャンボ・シュークリーム事件《じけん》というのも、そんなときの出来事《できごと》だった。

だれかが、おみやげにくれた特大《とくだい》の「ジャンボ・シュークリーム」

おいしそうなクリームが、とろっと皮《かわ》からはみだしている。

「うわー、うれしいな」

篤《あつし》も、真由《まゆ》も、夢中《むちゅう》でさけんだ。クー太《た》が、これを見《み》のがすわけはない。

すばやくやってきて、テーブルの下《した》で、ぴたりと身構《みがま》える。

「おいしそう！」

真由《まゆ》は、大《おお》きくて一度《ど》に食《た》べられないので、まず、ふたつに割《わ》って食《た》べようとした。

そのときだ。

クーちゃんが、ぱっと右手《みぎて》のシュークリームにとびついた。

「たいへん！」

真由《まゆ》は、左手《ひだりて》にシュークリームを持《も》ったまま、おおあわてで、さっきのシュークリームをとりかえそうとした。

ほうっておいたら、クリームで、ママの大事《だいじ》なジュータンもよごれてしまう。

「なんとかしなくては……！」

ところがクーは、早《はや》かった。

あっというまに、えものをのみこんで、こんどは、真由《まゆ》の手《て》の、もう片方《かたほう》のシュークリームに狙《ねら》いをつけて、ぱくっ、とみごとに、かっさらった。

「クーがとったあ！」

なんと、中学生《ちゅうがくせい》の真由《まゆ》が、クーにバカにされたと半《はん》べそをかいた。

「これはたいへん！」

それを見《み》た篤《あつし》は、お姉《ねえ》ちゃんに、自分《じぶん》のシュークリームをあげようと思《おも》った。

ところが残念《ざんねん》！

篤《あつし》は、口《くち》じゅうをクリームだらけにして、シュークリームを食《た》べ終《お》わったあとだったのだ。

いたずらクー太《た》

クー太《た》がきて、三度目《どめ》の夏《なつ》が訪《おとず》れた。
篤《あつし》は、三年生《ねんせい》になった。ということは、クー太《た》は、にんげんなら十歳《さい》だ。

一年生《ねんせい》のときには、クー太《た》に、すっかりばかにされていた篤《あつし》も、びっくりするほど成長《せいちょう》した。

クー太《た》に、いたずらをされても、すぐには怒《おこ》らず、許《ゆる》せるようになっていた。

篤《あつし》は、細《こま》かいことに打《う》ち込《こ》むことが好《す》きな子《こ》だった。工作《こうさく》や図画《ずが》が大好《だいす》きだ。

そんな篤《あつし》に、両親《りょうしん》は、箱《はこ》いっぱいのプラレール（鉄道《てつどう》のオモチャ）を与《あた》えていた。

その日《ひ》、学校《がっこう》から帰《かえ》った篤《あつし》は、夢中《むちゅう》になって、プラレールをつくった。レゴブロックを使《つか》って電車《でんしゃ》のホームにしたり、図鑑《ずかん》を利用《りよう》して高《たか》さをつくり、電車《でんしゃ》が通《とお》れるように工夫《くふう》した。

われながら、満足《まんぞく》のいくできばえだった。超大作《ちょうたいさく》だ。

座敷《ざしき》いっぱいに、広《ひろ》げたプラレールをみながら、篤《あつし》は、胸《むね》をどきどきさせていた。

「明日《あした》になったら、思《おも》いっきり電車《でんしゃ》を走《はし》らせよう」

楽《たの》しみにしながらベッドについた。

ところが、朝《あさ》、起《お》きてみると、プラレールが壊《こわ》されていた。

犯人《はんにん》はお父《とう》さんだった。夜《よる》おそく、お酒《さけ》をのんで「ごきげん」で帰宅《きたく》したお父《とう》さんが、つまずいて一部《ぶ》、壊《こわ》したのだ。

篤《あつし》は、泣《な》いて怒《おこ》った。お父《とう》さんは、平謝《ひらあやま》りだ。

これを見《み》たクー太《た》が、

「おもしろそう。そんなら、おれも！」

とばかりに、プラレールに突進《とっしん》した。

大事《だいじ》なプラレールが、めちゃめちゃになった。

それでも篤《あつし》は、怒《おこ》らなかった。

「お父《とう》さんには怒《おこ》って、どうしてクーには、怒《おこ》らないの？」

ふしぎそうにたずねるお母《かあ》さんに、篤《あつし》は答《こた》えた。

「だって、クーは、プラレールで遊《あそ》びたかったんだよ。お父《とう》さんとは違《ちが》うよ」

篤《あつし》は、知《し》らないあいだに、成長《せいちょう》していた。相手《あいて》の身《み》になって考《かんが》える、ということを篤《あつし》は、クー太《た》を通《つう》じて学《まな》んでいたのだった。

篤《あつし》が五年生《ねんせい》になったとき、おじいちゃんが建《た》てた古《ふる》い家《いえ》がこわされ、新《あたら》しい家《いえ》に建《た》てかえられた。

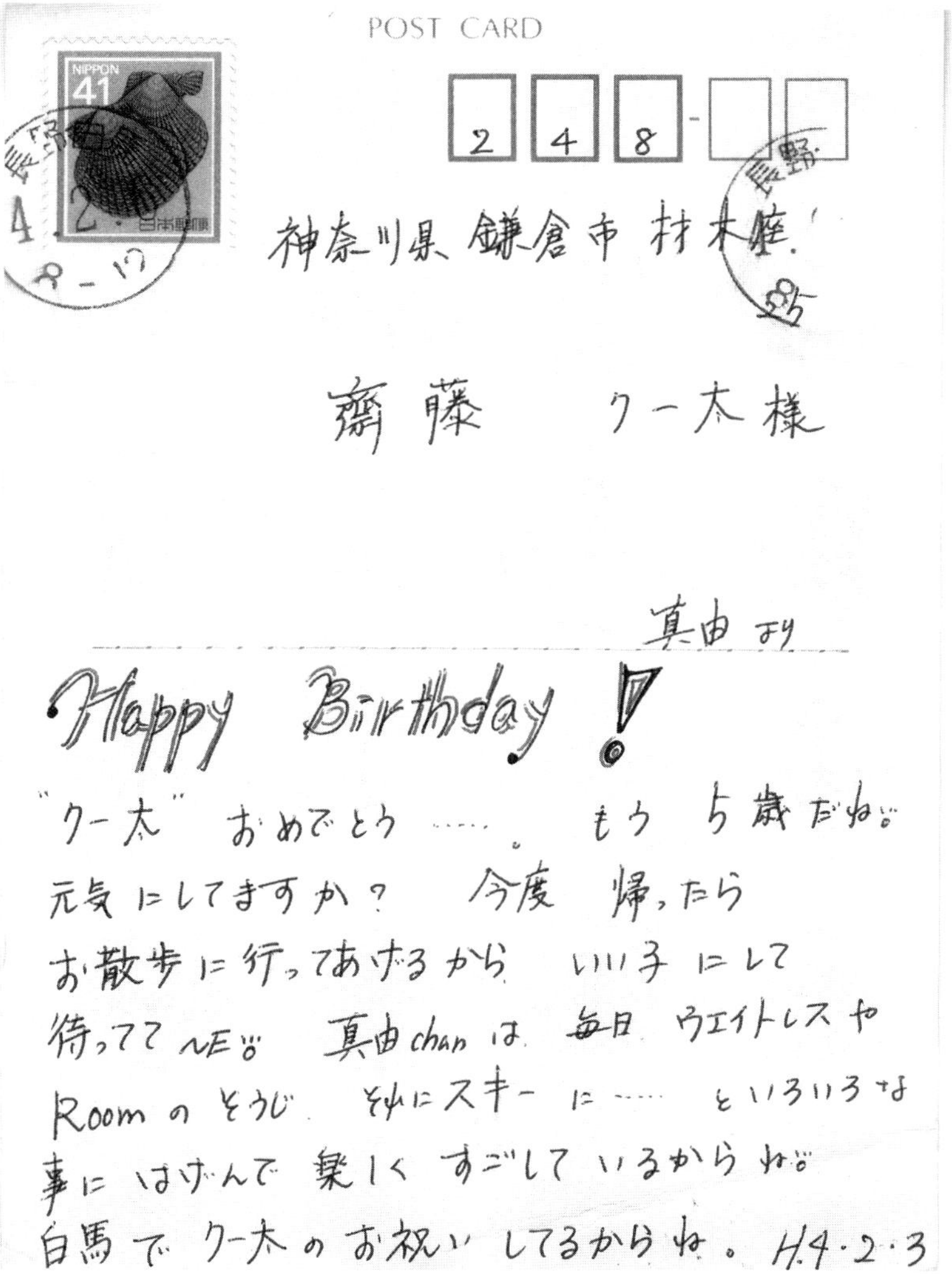
POST CARD

NIPPON 41

日本郵便

248

神奈川県 鎌倉市 材木座

齋藤 クー太様

真由より

Happy Birthday!

"クー太" おめでとう……。もう 5歳だね。

元気にしてますか? 今度 帰ったら

お散歩に行ってあげるから いい子にして

待っててNE。 真由chanは 毎日 ウエイトレスや

Roomのそうじ そしてスキーに…… といろいろな

事に はげんで 楽しく すごしているからね。

白馬で クー太のお祝い してるからね。 H.4・2・3

クー太5歳《さい》の誕生日《たんじょうび》に出《だ》された真由《まゆ》さんのハガキ。

真由《まゆ》のお雛様《ひなさま》がかざられた、二間《ふたま》つづきの広《ひろ》い和室《わしつ》がなくなって、オープンスペースのキッチンと、おしゃれなリビングが生《う》まれた。

新《あたら》しい家《いえ》に入《はい》ってからも、クー太《た》は、やんちゃぶりを発揮《はっき》した。

とにかく、人《ひと》の気《き》をひくのが大好《だいす》きな犬《いぬ》だ。

「これをすると、みんなが騒《さわ》ぐぞ」

ということをよく知《し》っていて、にんげんどもがあわてふためくと、

「はじまった、はじまった！」

と、すましている。

クー太《た》の趣味《しゅみ》は、プラレールこわしや、お客用《きゃくよう》のスリッパ投《な》げなど、いろいろあったけれど、網戸《あみど》やぶりが、特《とく》に気《き》に入《い》っていた。

きれい好《ず》きなお母《かあ》さんが、顔色《かおいろ》をかえて怒《おこ》るのがおもしろくて、

網戸《あみど》に突進《とっしん》する。

「きゃあ、やめてえ！」

お母《かあ》さんがさけぶと、いっしゅん立《た》ち止《ど》まって、

「なんだい？」

というように、ふりかえる。それから、わざとらしく、ばりばりっと、網戸《あみど》をやぶって出《で》ていって、

「やっぱ、おもしろいね」

というように、お母《かあ》さんを見《み》かえすのだ。

だから、齋藤《さいとう》さんちのリビングの網戸《あみど》は、ぼろぼろだ。

おしまいには、網戸《あみど》カーテンとなって、風《かぜ》にひらひらゆれている。

夏《なつ》になると、セミも蚊《か》も大喜《おおよろこ》びで、網戸《あみど》の破《やぶ》れから部屋《へや》に侵入《しんにゅう》す

る。ジャンボなクモまでが、のそのそ入《はい》ってくる。

篤《あつし》は、子供《こども》のころ、セミが苦手《にがて》だった。

ある夜《よる》、網戸《あみど》カーテンのすき間《ま》からセミが一匹《ぴき》、とびこんできた。
ジ、ジーとやかましく鳴《な》きながら、部屋《へや》じゅう飛《と》び回《まわ》る。
そんなときには、クー太兄《たにい》ちゃんが大活躍《だいかつやく》する。

「篤《あつし》、おまえ、こわいんだろ。おれにまかせとけ！」

とばかりに、飛《と》び上《あ》がってつかまえようとする。

「なにをすれば、篤《あつし》がよろこぶか。どういうことをすれば、感謝《かんしゃ》されるのか」

クー太《た》は、篤《あつし》と遊《あそ》びながら、学《まな》んでいく。

そうはいってもいつまでたっても、篤《あつし》の位《くらい》は上《あ》がらなかった。

つまり篤《あつし》は、クー太《た》のかわいい弟《おとうと》だった。

篤《あつし》が、たまにお母《かあ》さんから叱《しか》られていると、クー太《た》は、心配《しんぱい》でたまらない。

「クー、クー」

落《お》ち着《つ》きのない声《こえ》を出《だ》して、二人《ふたり》のあいだに入《はい》ろうとする。そんなとき、篤《あつし》は、クー太《た》に、しきりに話《はな》しかける。

「クー。だいじょうぶだよ、だいじょうぶだからね、クー」

篤《あつし》は、クー太《た》に、こういいたいのだ。

「お母《かあ》さんは、怒《おこ》ってるんじゃないよ。ぼくたち、話《はな》し合《あ》いをしてるんだ。だからクーは、心配《しんぱい》しないでいいんだよ」

目《め》が見《み》えない

月日《つきひ》がたつのは、夢《ゆめ》のようだというけれど、ひとつの家庭《かてい》の歴史《れきし》を、ふりかえってみるとよくわかる。

クー太《た》が十五歳《さい》のときに、真由《まゆ》が、ダイビング友達《ともだち》の今村《いまむら》さんと結婚《けっこん》して家《いえ》を出《で》た。

篤《あつし》は、大学院《だいがくいん》に進学《しんがく》していた。

クー太《た》は、にんげんなら、七十五歳《さい》ぐらいのおじいさんだ。

クー太《た》が十二歳《さい》になったころから、家《いえ》の人《ひと》たちは、クー太《た》の目《め》が見《み》えにくいのではないかと、疑《うたが》い始《はじ》めていた。

階段《かいだん》から転《ころ》がり落《お》ちたり、ひとりでごはんを食《た》べられなくなった。

「どうしたの？」

と、手《て》に乗《の》せて、食《た》べさせると食《た》べる。

「どうもおかしい」

よくみると、水《みず》をのみにいくときにも、壁《かべ》を伝《つた》って歩《ある》いている。

「心配《しんぱい》だねえ、病院《びょういん》に連《つ》れて行《い》ったほうがいいかな？」

そのころ、お父《とう》さんは、鎌倉市《かまくらし》の第一小学校《だいいちしょうがっこう》の校長先生《こうちょうせんせい》をしていた。

お母《かあ》さんは、葉山町立《はやまちょうりつ》長柄《ながえ》小学校《しょうがっこう》の教頭先生《きょうとうせんせい》だ。

長柄小学校《ながえしょうがっこう》は高台《たかだい》にあり、坂《さか》の下《した》、斜《なな》め右《みぎ》の方向《ほうこう》に、評判《ひょうばん》がいいといわれる葉山動物病院《はやまどうぶつびょういん》があった。

院長《いんちょう》の金子先生《かねこせんせい》には、以前《いぜん》に学校《がっこう》で話《はなし》をしていただいたこともあったので、さっそくクー太《た》の目《め》を診《み》てもらいに行《い》った。

クー太《た》の目《め》に検眼鏡《けんがんきょう》をあてながら、金子先生《かねこせんせい》は説明《せつめい》した。

「これは白内障《はくないしょう》ですね。左《ひだり》は少《すこ》しは見《み》えているかもしれませんが、右目《みぎめ》はまったくやられています」

「そうですか。ごはんを食《た》べにいくときのようすがおかしいし、なんとなく変《へん》だとは思《おも》っていたのですが」

目《め》のまえが、真《ま》っ暗《くら》になった。

「先生《せんせい》、なんとかなりませんか？　手術《しゅじゅつ》はできないんでしょうか？」

「手術《しゅじゅつ》することは、できますが、逆《ぎゃく》に麻酔《ますい》にたえられなくて、その

クー太16歳《さい》、白内障《はくないしょう》で目《め》がほとんど見《み》えなくなってしまった。
（お誕生日《たんじょうび》プレゼントのマットをよろこぶクー太）

まま逝《い》ってしまうことも考《かんが》えられるんです」

「えっ？」

「残念《ざんねん》ながら、クーちゃんは、もともと心臓《しんぞう》の弱《よわ》いお子《こ》さんです。キケンをおかして手術《しゅじゅつ》するか、このまま、目《め》のみえない老犬《ろうけん》として、面倒《めんどう》をみてあげるか、どちらを選《えら》ばれるかは、齋藤《さいとう》さん次第《しだい》です」

途方《とほう》にくれるお父《とう》さんとお母《かあ》さんに、獣医《じゅうい》さんはつづけた。

「齋藤《さいとう》さん。家《いえ》の中《なか》で飼《か》われている犬《いぬ》は、目《め》が見《み》えなくても、部屋《へや》の状況《じょうきょう》をすべて覚《おぼ》えてますからね。ご家族《かぞく》で、協力《きょうりょく》してやれば、だいじょうぶ。クーちゃんは、ちゃんと生《い》きていけますよ」

帰《かえ》り道《みち》、お父《とう》さんとお母《かあ》さんは、声《こえ》をひそめて話《はな》し合《あ》った。

「どちらか、選《えら》ばなければならないなんて、むずかしい問題《もんだい》だね」

「しー、聞《き》こえるわ。クー太《た》が悲《かな》しい思《おも》いをしているから、あまり悩《なや》んでいるようなそぶりをするのは、やめましょうね」

「そうだな」

クー太《た》は、年《とし》をとるごとに、人《ひと》の気《き》持《も》ちを理解《りかい》するようになっていた。ほんとうに利口《りこう》な犬《いぬ》だった。

クー太《た》にこれ以上《いじょう》、苦《くる》しみを与《あた》えたくない。

気《き》持《も》ちを引《ひ》きたてながら、家《いえ》に戻《もど》ったふたりは、子供《こども》たちにクー太《た》の目《め》の病気《びょうき》の報告《ほうこく》をした。

覚悟《かくご》はしていたものの、子供《こども》たちにとって、この知《し》らせは大変《たいへん》なショックだった。

「どんなにお金《かね》がかかっても、手術《しゅじゅつ》してあげたい！」

真由《まゆ》は、涙《なみだ》をながして両親《りょうしん》に言《い》った。

「もしも、お金《かね》の問題《もんだい》だったら、私《わたし》たち、協力《きょうりょく》するわ。クーがうちの子《こ》になったときみたいに……。いくら高《たか》いお金《かね》がかかったってかまわない。クーの目《め》のためなら惜《お》しくない。ね！　篤《あつし》」

「もちろんだよ」

「それがね。お金《かね》の問題《もんだい》ではないんだよ。クー太《た》が、手術《しゅじゅつ》に耐《た》えられるかどうか……」

お父《とう》さんが、いきさつを説明《せつめい》した。

「じゃ、どうすればいいの？」

「でも、なんとか、目《め》が見《み》えるようにしてやりたいよね」

「でも、もしもそのためにクーが、どうかなってしまったら？」

家族全員《かぞくぜんいん》が、死《し》ぬという言葉《ことば》は、使《つか》いたくなかった。

でも、手術《しゅじゅつ》に耐《た》えられないということは、クーが、天国《てんごく》にいってしまうかも知《し》れない、ということだ。

考《かんが》えるだけで、お母《かあ》さんの目《め》に涙《なみだ》があふれてくる。

それを察《さっ》して、お父《とう》さんが静《しず》かに言《い》った。

「みんな、どう思《おも》う？　お父《とう》さんは、この際《さい》、どちらかを選《えら》ぶんだったら、クーが生《い》きているほうがいいと思《おも》う。獣医《じゅうい》さんが言《い》われるように、クーは、家族《かぞく》が協力《きょうりょく》すれば、これからも長《なが》いあいだ暮《く》らしていける。こうなったら、家族《かぞく》四人《にん》が、クーの見《み》えない目《め》になって、がんばっていけばいいんだよ。クー太《た》の目《め》になってあげようね」

あんなに元気《げんき》だったクー太《た》が、家族《かぞく》のみんなより数倍《すうばい》の速《はや》さで年《とし》をとって、よぼよぼのおじいさん犬《いぬ》になってしまった。

ほんとうにショックなできごとだけれど、これが現実《げんじつ》だ。

いたずらもので、ひょうきんだったクー太《た》が、目《め》もみえず、よろよろと頼《たよ》りなげに歩《ある》き回《まわ》るようになった。

お母《かあ》さんは、悲《かな》しくてたまらなかった。クー太《た》は、ただのペットではなかった。

子供《こども》たちと、いっしょに育《そだ》ってきた齋藤家《さいとうけ》の宝物《たからもの》なのだ。

いつもお母《かあ》さんは、力《ちから》をこめて言《い》う。

「真由《まゆ》がいて、クー太《た》がいて、篤《あつし》がいる。この子《こ》たちは、きょうだいなんです」

お母《かあ》さんの心配《しんぱい》は、日《ひ》ごとに大《おお》きくふくらんでいった。

最近《さいきん》、愛犬《あいけん》を亡《な》くした知《し》り合《あ》いが、ぽつりと話《はな》した言葉《ことば》が、お母《かあ》さんには忘《わす》れられない。

「うちの犬《いぬ》は、目《め》が見《み》えなくなってから、二年間《ねんかん》の寿命《じゅみょう》でした」

クー太《た》のために

目《め》が見《み》えなくなってからも、クー太《た》はよくごはんも食《た》べ、元気《げんき》に暮《く》らしていた。

心配《しんぱい》していた二年間《ねんかん》があっというまに過《す》ぎていった。

家族《かぞく》の留守中《るすちゅう》、クー太《た》が頼《たよ》りにするのは、壁《かべ》や柱《はしら》、テーブルなどの家具類《かぐるい》だ。

それらをたよりに、クー太《た》は、上手《じょうず》に場所《ばしょ》をさがして、ごはんを食《た》べたり、水《みず》をのみに行《い》った。

齋藤《さいとう》さんは、獣医《じゅうい》さんのアドバイスにしたがって、家具《かぐ》の位置《いち》を変《か》えないように気《き》をつけた。

ジュータン、テーブル、イス、ソファー、ワゴン。ほか、クー太《た》の行動範囲《こうどうはんい》にある家具《かぐ》のいっさい。

部屋《へや》の中《なか》のようすは、目《め》が見《み》えなくなってからも、クー太《た》の心《こころ》にきちんとやきついている。

クー太《た》は、なんとかうまくやっていた。

ところがあるとき、こういう失敗《しっぱい》が起《お》こった。

お母《かあ》さんが学校《がっこう》から戻《もど》ると、クー太《た》が、長方形《ちょうほうけい》の低《ひく》いテーブルの足《あし》に頭《あたま》を突《つ》っこんで、もがいていた。

長方形《ちょうほうけい》のテーブルの足《あし》は、L《エル》の字型《じがた》になっていた。そこに、頭《あたま》を突《つ》っこんだクー太《た》が、後戻《あともど》りができなくなって、体《からだ》をエビのように曲《ま》げたまま苦《くる》しんでいたのだ。

家《いえ》の人《ひと》たちは気《き》がついていなかったが、クー太《た》の体《からだ》は、後《あと》ずさりもできないほどに、衰弱《すいじゃく》していたのだ。

みんなで、どうすればいいか相談《そうだん》した。

「不便《ふべん》になってもいい。あぶないものはすべて、部屋《へや》からよけようよ」

こうなると前《まえ》とは逆《ぎゃく》に、家具《かぐ》を動《うご》かす必要《ひつよう》がでてきた。リビングから、テーブルやワゴンなど、あぶない家具《かぐ》が、となりの座敷《ざしき》に運《はこ》びこまれた。

こうなってくると、クー太《た》を散歩《さんぽ》に連《つ》れ出《だ》すことも大変《たいへん》になってくる。

体《からだ》をうまく動《うご》かせなくなってからもクー太《た》は、日《ひ》に何度《なんど》でも散歩《さんぽ》に出《で》たがった。部屋《へや》の中《なか》では、絶対《ぜったい》に用《よう》を足《た》さない犬《いぬ》だったから。

散歩《さんぽ》にいきたくなるとクーは「クオーッ」と、のどの奥《おく》からしぼりだすような声《こえ》をあげて、自分《じぶん》の意思《いし》を伝《つた》える。

齋藤《さいとう》さんちでは、家族全員《かぞくぜんいん》で手分《てわ》けして、目《め》の見《み》えないクー太《た》が、すこしでもここちよく一日《にち》を過《す》ごせるように努力《どりょく》した。

が、どんなに力《ちから》をつくしても、クー太《た》が体力《たいりょく》を回復《かいふく》することはなかった。

一年《ねん》たつごとに、クー太《た》は確実《かくじつ》に、にんげんの五倍《ばい》の年《とし》をとっていく。

クー太《た》が十八歳《さい》を迎《むか》える頃《ころ》から、齋藤家《さいとうけ》に、クー太《た》の老衰《ろうすい》という重苦《おもぐる》しい影《かげ》がしのびよってきた。

クー太《た》の誕生日《たんじょうび》が過《す》ぎた四月《がつ》ごろには、クー太《た》の体《からだ》は、みるみる弱《よわ》ってきて、とうとう、自力《じりき》で立《た》ち上《あ》がることもできなくなった。

四年前《ねんまえ》に、鎌倉《かまくら》の第一《だいいち》小学校《しょうがっこう》の校長先生《こうちょうせんせい》を退職《たいしょく》したお父《とう》さんが、一日中《にちじゅう》、クー太《た》の介護《かいご》にかかりきりになった。

でも、お父《とう》さんだけでは、とても手《て》がまわらない。稲村《いなむら》ケ崎《がさき》小学校《しょうがっこう》の校長先生《こうちょうせんせい》になったお母《かあ》さんはもちろん、結婚《けっこん》して家《いえ》を離《はな》れた真由《まゆ》も、大学院《だいがくいん》を卒業《そつぎょう》して会社《かいしゃ》に勤《つと》め始《はじ》めた篤《あつし》も、みんなで協力《きょうりょく》してクー太《た》の介護《かいご》にあたった。

食《た》べるものにも工夫《くふう》がいった。

クー太《た》は、かねがね、ドッグフードは、自分《じぶん》の食《た》べ物《もの》ではないと思《おも》っている犬《いぬ》だ。

だから小《ちい》さいころから、クー太《た》の食事《しょくじ》は、手作《てづく》りの健康食《けんこうしょく》で、しかも日替《ひが》わりメニューだった。

体力《たいりょく》がなくなってくると、肉《にく》や魚《さかな》、野菜《やさい》をやわらかく煮《に》たものを、さらにミキサーにかけて食《た》べやすくした。

クー太17歳《さい》、真由《まゆ》さんと篤《あつし》さんにいだかれて幸《しあわ》せ。

散歩《さんぽ》するのも、大変《たいへん》になってきた。歩《ある》くのがおそいので、元気《げんき》なときの何倍《なんばい》も時間《じかん》がかかってしまう。でも、家族《かぞく》の力《ちから》をかりてでも、クー太《た》が自分《じぶん》の力《ちから》で歩《ある》けるあいだは、まだよかった。

そのうちにクー太《た》は、自分《じぶん》の体《からだ》を支《ささ》えることができなくなった。

お父《とう》さんが、ペットショップでみつけてきた介護用《かいごよう》のベルトを、クー太《た》のお腹《なか》にまわして、上《うえ》からひっぱって体《からだ》を支《ささ》えた。

そのうち、介護用《かいごよう》のベルトだけでは、クー太《た》の体《からだ》を守《まも》りきれないことがわかった。

あるとき、散歩《さんぽ》から戻《もど》ったクー太《た》の鼻先《はなさき》に、泥《どろ》がついていることにお母《かあ》さんは気《き》がついた。

「かわいそうに……、力《ちから》がなくなって、頭《あたま》が地面《じめん》についてしまうんだ。どうしてあげればいい？」

「こうすればいいよ。お母《かあ》さん」

みんなで考《かんが》えた案《あん》は、ストンと落《お》ちこんでしまうクー太《た》の首《くび》から頭《あたま》を、幅広《はばひろ》のタオルで支《ささ》えて持《も》ち上《あ》げることだった。

右手《みぎて》に介護《かいご》ベルト。左《ひだり》に持《も》ち上《あ》げたタオルの先《さき》をもって、クー太《た》が歩《ある》けるようなスピードで、腰《こし》をまげた状態《じょうたい》で、一歩《ぽ》ずつ、クー太《た》を散歩《さんぽ》させる。

タオルがあたる首《くび》のあたりが痛《いた》くならないように、よく注意《ちゅうい》する。

少《すこ》しの距離《きょり》を進《すす》むのにも、時間《じかん》と辛抱《しんぼう》がいった。

「そんなにまでして散歩《さんぽ》をさせなきゃならないの？　かえってかわ

いそうだよ」

と、いう人《ひと》もいるかもしれない。

でも、家《いえ》の中《なか》で排泄《はいせつ》ができないクー太《た》が生《い》きつづけるためには、散歩《さんぽ》はどうしても必要《ひつよう》だった。

あきらめてしまったら、血《ち》の循環《じゅんかん》が悪《わる》くなり、筋肉《きんにく》がおとろえて、ほんとうの寝《ね》たきり犬《いぬ》になってしまう。

NHK《エヌエチケー》「にんげんドキュメント」

このころになると、病院《びょういん》にいく回数《かいすう》も、ふえてきた。
齋藤《さいとう》さんの家《いえ》では、クー太《た》にいいと思《おも》われることは、なんでもやっ

クー太18歳《さい》、ベルトとタオルで体《からだ》と顔《かお》をもち上《あ》げられながらの散歩《さんぽ》。
（上）おかあさんと朝《あさ》の散歩、（下）篤《あつし》さんと夜《よる》の散歩。

た。

ごはんを食《た》べなくなると、葉山動物病院《はやまどうぶつびょういん》に点滴《てんてき》にも連《つ》れて行《い》った。体《からだ》が弱《よわ》っているので、一度《ど》に点滴《てんてき》を入《い》れると心臓《しんぞう》に負担《ふたん》がかかってよくない。

クー太《た》の場合《ばあい》、一回《かい》の点滴《てんてき》に、なんと六時間《じかん》もかかってしまう。お母《かあ》さんは、そんなに長《なが》い時間《じかん》、クー太《た》を手放《てばな》すことが耐《た》えられなかった。

せまいケージの中《なか》で、じっと点滴《てんてき》を受《う》けるクー太《た》が、心配《しんぱい》でたまらない。

ごめいわくかなと思《おも》いながらも、つい電話《でんわ》をかけてしまう。

「クー太《た》は、どうしてますか？　その子《こ》は、外《そと》に出《だ》さないとオシッコができないんです。点滴《てんてき》がすんだら、すぐ外《そと》にだしてやってください」

そのころ、ハワイで、ダイビングインストラクターのライセンスを取《と》った真由《まゆ》は、偶然《ぐうぜん》なことに病院《びょういん》の近《ちか》くのダイビングショップに勤《つと》めていた。

真由《まゆ》は一計《いっけい》を考《かんが》えて、駅《えき》までのお客《きゃく》さんの送迎役《そうげいやく》を買《か》って出《で》た。クー太《た》の病院《びょういん》は、駅《えき》からの帰《かえ》り道《みち》だ。クー太《た》のようすを見《み》に行《い》っては、学校《がっこう》にいるお母《かあ》さんに電話《でんわ》で知《し》らせた。

「お母《かあ》さん、クー、だいじょうぶだったよ」

「ほんと？　安心《あんしん》した。ありがとう」

クーちゃんのそういう状態《じょうたい》がつづいて、半年《はんとし》ほど経《た》った二〇〇五年《ねん》の十月《がつ》のこと。

NHK《エヌエチケー》の「にんげんドキュメント」の番組制作班《ばんぐみせいさくはん》が、年《とし》をとって介護《かいご》が必要《ひつよう》になった犬《いぬ》たちの番組《ばんぐみ》をつくることを計画《けいかく》していた。

全国《ぜんこく》でいまや、千三百万頭《せんびゃくまんとう》にも達《たっ》したペット犬《けん》の存在《そんざい》……。お年寄《としよ》りの介護《かいご》が、日本《にほん》の大《おお》きな問題《もんだい》になっているように、ペットの老後《ろうご》の介護《かいご》が、人々《ひとびと》の大《おお》きな関心《かんしん》を集《あつ》めている。

子供《こども》たちの数《かず》がへった今《いま》、ペットを子供《こども》のようにして育《そだ》てている家庭《かてい》も多《おお》い。

ペットを生《い》きがいにして暮《く》らすお年寄《としよ》りの数《かず》もふえる一方《いっぽう》だ。

家族《かぞく》の一員《いちいん》として暮《く》らしてきたペットが、年《とし》をとったり、病気《びょうき》になったりしたときに、飼《か》い主《ぬし》は、ペットとどのようにして向《む》き合《あ》っていけばいいのだろう？

番組《ばんぐみ》を担当《たんとう》するディレクターの奥秋聡《おくあきさとる》さんは、放送内容《ほうそうないよう》にあったペットを飼《か》っている家庭《かてい》を探《さが》しはじめた。

「そうだな。テレビに出《で》てもらうのは、どんなワンちゃんがいいかなあ？」

奥秋《おくあき》さんは、いろいろ調《しら》べて、逗子《ずし》の海岸《かいがん》や、鎌倉《かまくら》の材木座海岸《ざいもくざかいがん》に行《い》ってみた。

このあたりは、犬《いぬ》を飼《か》う人《ひと》が多《おお》いことでも知《し》られている。

冷《つめ》たい海風《うみかぜ》に震《ふる》えながら、波打《なみう》ち際《ぎわ》に立《た》っていると、なるほど、たくさんのワンちゃんが、飼《か》い主《ぬし》に連《つ》れられて、つぎつぎにやってくる。

「うわあ、これは思《おも》ったとおりだ。でも、年《とし》とったワンちゃんはいないなあ。テレビの企画《きかく》は老犬《ろうけん》の介護問題《かいごもんだい》なのに……」

通《とお》りがかりの人《ひと》に聞《き》いてみると、砂浜《すなはま》は老犬《ろうけん》の足《あし》には負担《ふたん》が大《おお》きいので、海岸《かいがん》を散歩《さんぽ》させる飼《か》い主《ぬし》は、ほとんどいないということだった。

「そうか……。あっ、そうだ。介護《かいご》のことならペット病院《びょういん》だ！」

奥秋《おくあき》さんは、近《ちか》くの葉山動物病院《はやまどうぶつびょういん》を訪《たず》ねてみた。

そこで出会《であ》ったのが、クー太《た》の点滴《てんてき》のために病院《びょういん》にきていた齋藤《さいとう》さんのお父《とう》さんだった。

クー太《た》は、お父《とう》さんのひざの上で、体《からだ》をまるめて眠《ねむ》っていた。

「まるで、にんげんの赤《あか》ちゃんみたいだな」

そう思《おも》いながら、奥秋《おくあき》さんは、齋藤《さいとう》さんに声《こえ》をかけた。

「このワンちゃん、おじいちゃんなんですか？」

「ええ、十八歳《さい》です。犬《いぬ》によっても違《ちが》うかもしれませんが、にんげんなら九十歳《さい》ぐらいといわれています」

「そうですか。お年寄《としよ》りなんですねえ。病院《びょういん》にはいつもいらっしゃるんですか？」

「ええ、調子《ちょうし》が悪《わる》くなると連《つ》れてきます」

「じつは、私《わたし》はこういう仕事《しごと》をしておりまして……、老犬《ろうけん》の介護《かいご》はこれからの社会問題《しゃかいもんだい》だと思《おも》うんです。できれば取材《しゅざい》させていただきたいと……」

事情《じじょう》を話《はな》すと、齋藤《さいとう》さん一家《いっか》が気持《きも》ちよく協力《きょうりょく》してくれることになった。

それから、奥秋《おくあき》さんは、カメラの本野《もとの》さんと、音声担当《おんせいたんとう》の鈴木《すずき》さんといっしょに、ときどき齋藤《さいとう》さんを訪《おとず》れて、クー太《た》の取材《しゅざい》をすることにした。

奥秋《おくあき》さんが、はじめて齋藤《さいとう》さんの家《いえ》に行《い》ったとき、クー太《た》は体《からだ》が弱《よわ》って、もう起《お》き上《あ》がれない状態《じょうたい》だったけれど、どうやら、奥秋《おくあき》さんを気《き》に入《い》ってくれたらしい。

例《れい》の調子《ちょうし》で「クオーッ！」と、うなってテレビに写《うつ》すことを許可《きょか》してくれた。

奥秋《おくあき》さんは、少《すこ》し遠慮《えんりょ》しながらも、齋藤《さいとう》さん一家《いっか》が、クーちゃんの介護《かいご》をする場面《ばめん》を、撮影《さつえい》し始《はじ》めた。

老犬《ろうけん》クー太《た》、テレビに出《で》る

クー太《た》のテレビ出演《しゅつえん》の一部《いちぶ》を紹介《しょうかい》しよう。

「クオーッ！　クオーッ！」

と、大声《おおごえ》でうなるクーちゃん。

「はい、はい！」

あわててかけつけるお父《とう》さん。朝《あさ》ごはんの世話《せわ》をするのは、四年前《ねんまえ》に退職《たいしょく》して家《いえ》にいるようになったお父《とう》さんだ。

お父《とう》さんは、目《め》の見《み》えないクー太《た》に、肉《にく》や野菜《やさい》をつぶしたごはんを、指先《ゆびさき》を使《つか》って、ゆっくり、ゆっくり食《た》べさせる。

「おいしいぞ、ほら！　熱《あつ》くないよ」

食《た》べ終《お》わったクー太《た》は、横《よこ》になると、こんどは、お母《かあ》さんを呼《よ》びつける。

「クオーッ！　クオーッ！」

「はい、はい、はい！　はい！」

こんどは、散歩《さんぽ》のさいそくだ。

かけつけたお母《かあ》さんは、クー太《た》を、にんげんの赤《あか》ちゃんのように大切《たいせつ》に抱《だ》きあげる。

「よし、よし、よし。散歩《さんぽ》にいこうね。さあ、いい子《こ》だから……」

自分《じぶん》の力《ちから》で立《た》ち上《あ》がることのできないクー太《た》のお腹《なか》に、介護用《かいごよう》のベルトを巻《ま》いて右手《みぎて》でつり上《あ》げる。

首《くび》を保護《ほご》するために巻《ま》いたタオルを、左手《ひだりて》で持《も》ち上《あ》げる。

毛《け》のぬけたしっぽ。

骨《ほね》の突《つ》き出《で》たおしり。

内側《うちがわ》に曲《ま》がってしまった後《うし》ろ足《あし》で、クー太《た》は、ひょろひょろと、引《ひ》きずられるようにして歩《ある》く。

腰《こし》をまげ、両手両足《りょうてりょうあし》をめいいっぱいに使《つか》いながらのクー太《た》の散《さん》歩《ぽ》は、出勤前《しゅっきんまえ》のお母《かあ》さんにとって大仕事《おおしごと》だ。

一歩《ぽ》、また一歩《ぽ》、クー太《た》のための大切《たいせつ》な時間《じかん》が流《なが》れて行《い》く。

「いちに、いちに……」

辛抱強《しんぼうづよ》くクー太《た》に声《こえ》をかけるお母《かあ》さんに、思《おも》わず奥秋《おくあき》さんは話《はな》しかけた。

「ゆっくり、ゆっくり、進《すす》むんですねえ……」

「ええ、時間《じかん》がかかるんですけれどねえ。でも、これで血液《けつえき》が循環《じゅんかん》して、筋肉《きんにく》の衰《おとろ》えが少《すこ》しでも防《ふせ》げると思《おも》うと……」

朝《あさ》の光《ひかり》のなかで、すてきな笑顔《えがお》をみせるお母《かあ》さん。

「こんな苦労《くろう》はなんでもありません」という表情《ひょうじょう》だ。

お母《かあ》さんは、散歩《さんぽ》から帰《かえ》ると、大急《おおいそ》ぎでスーツに着替《きが》える。たちまち介護姿《かいごすがた》のお母《かあ》さんは姿《すがた》を消《け》し、稲村《いなむら》ケ崎《がさき》小学校《しょうがっこう》の校長先生《こうちょうせんせい》の出現《しゅつげん》だ。

「じゃ、いってきまーす。お父《とう》さん、クーのめんどうよろしくねー」

「はい、はい」

そのときクーから、またもや抱《だ》っこのさいそく。

「クオーッ！　クオッー！」

「はい、はい」

かけよるお父《とう》さん。

「いいたいこと言《い》ってりゃいいんだよね。鳴《な》きたいときに鳴《な》いて……、吠《ほ》えまくって……」

ああ、やさしいお父《とう》さん。クーちゃんは、ほんとに幸《しあわ》せなワンちゃんだね。

クー太《た》の散歩回数《さんぽかいすう》は、多《おお》いときには、一日《にち》に十回以上《かいいじょう》にもなっていた。

思《おも》うように排泄物《はいせつぶつ》が出《で》ない。それでも外《そと》に行《い》きたがる。

おしりのまわりをもんだり、ちょびちょびとしか出《で》ないおしっこをさせるために、夜中《よなか》に何度《なんど》も外《そと》に連《つ》れ出《だ》した。

それでもクー太《た》は、苦《くる》しそうな声《こえ》をだしたり、痛《いた》いと訴《うった》えるようなことはなかった。

日《ひ》のよくあたるソファーの足元《あしもと》に敷《し》かれた清潔《せいけつ》なフトンに、真由《まゆ》と篤《あつし》が保育園《ほいくえん》で使《つか》っていたピンクレディーの絵《え》がついたタオルケットをかけてもらって、クー太《た》は、安心《あんしん》して、すやすやと眠《ねむ》る。

そんなとき、クー太《た》は、外《そと》で元気《げんき》に走《はし》り回《まわ》る夢《ゆめ》をみる。

四本《ほん》の足《あし》をかわるがわる動《うご》かして、地面《じめん》をける動作《どうさ》をくりかえす。

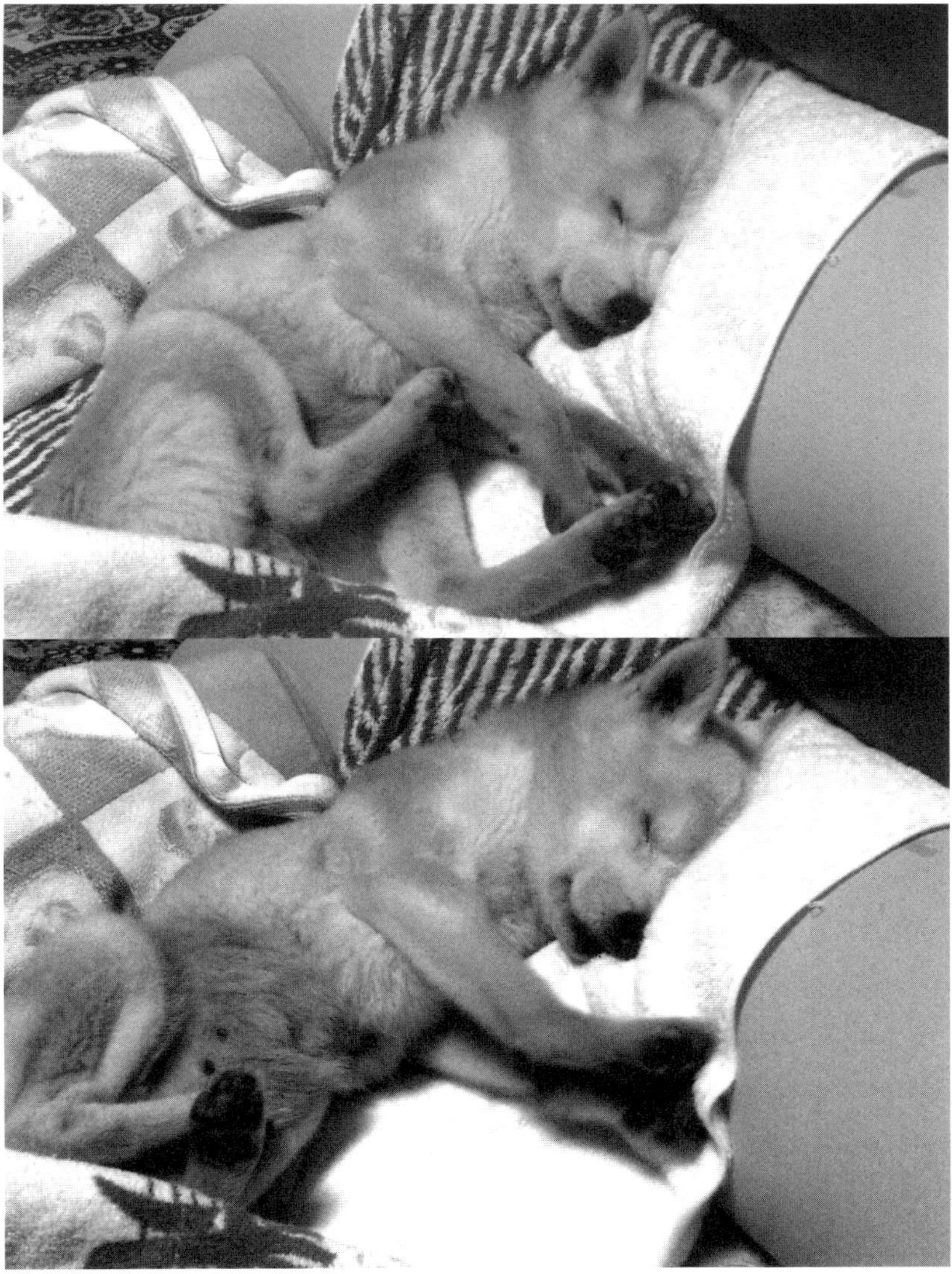

クー太18歳《さい》、ゆめのなかで思《おも》いっきり走《はし》っている。

そんなクー太《た》をみていると、篤《あつし》の胸《むね》が熱《あつ》くなってくる。

「もういちど、走《はし》らせてあげたいな」

波打《なみう》ち際《ぎわ》を走《はし》りまわった元気《げんき》だったころのクー太《た》……。

なつかしい思《おも》い出《で》はすべて、幼《おさな》い頃《ころ》の自分《じぶん》につながっていく。


十一月《がつ》になると、篤《あつし》に、うれしいことが訪《おとず》れた。

三年間《ねんかん》ほどの交際《こうさい》のあと、二〇〇五年《ねん》の六月《がつ》に婚約《こんやく》していた高橋《たかはし》まなみさんとの結婚《けっこん》だ。

齋藤家《さいとうけ》では、みんなで集《あつ》まって、篤《あつし》のお別《わか》れの食事会《しょくじかい》をした。

真由《まゆ》も仕事《しごと》が変《か》わって、四月《がつ》から今泉《いまいずみ》小学校《しょうがっこう》の二年生《ねんせい》の担任《たんにん》だ。

「クーちゃん。篤《あつ》ちゃん結婚《けっこん》するんだよ。クーも乾杯《かんぱい》しようね」

真由《まゆ》に抱《だ》き上《あ》げてもらって、クー太《た》も、大好《だいす》きなコーヒーミルクで乾杯《かんぱい》をした。

篤《あつし》にとって、まなみさんといっしょになれることは、嬉《うれ》しいことだったが、クー太《た》と離《はな》れるのはとっても淋《さび》しい。

自分《じぶん》の部屋《へや》の整理《せいり》をすると、クー太《た》の絵《え》や、文章《ぶんしょう》がたくさん出《で》てきた。

篤《あつし》は、片付《かたづ》けをそっちのけにして、作文《さくぶん》や日記《にっき》に読《よ》みふけった。

「一番大切《いちばんたいせつ》な友《とも》だち」

「にんげんみたいな声《こえ》で鳴《な》いたクー」

「クーちゃんの足《あし》のけが」

「セミをやっつけたクー」

「クーちゃんの誕生日《たんじょうび》のこと」

「一番大切《いちばんたいせつ》な友《とも》だち」のなかには、篤《あつし》が四年生《ねんせい》だった頃《ころ》の思《おも》い出《で》が書《か》いてある。

いつだったか、お母《かあ》さんの故郷《こきょう》の愛媛県《えひめけん》まで車《くるま》で行《い》ったとき、東名高速《とうめいこうそく》の足柄《あしがら》のサービスエリアで、知《し》らない間《あいだ》に首輪《くびわ》がぬけて、クー太《た》が逃《に》げだしたことがある。

「どうしよう。このままいったらクーちゃんが死《し》んじゃう」

あわてておいかけていった篤《あつし》に気《き》がついたクー太《た》は「にやっ！」と笑《わら》って篤《あつし》を見返《みかえ》した。

篤《あつし》は、ほんとうに驚《おどろ》いた。

クー太2歳《さい》、篤《あつし》くんと浜辺《はまべ》のお散歩《さんぽ》。

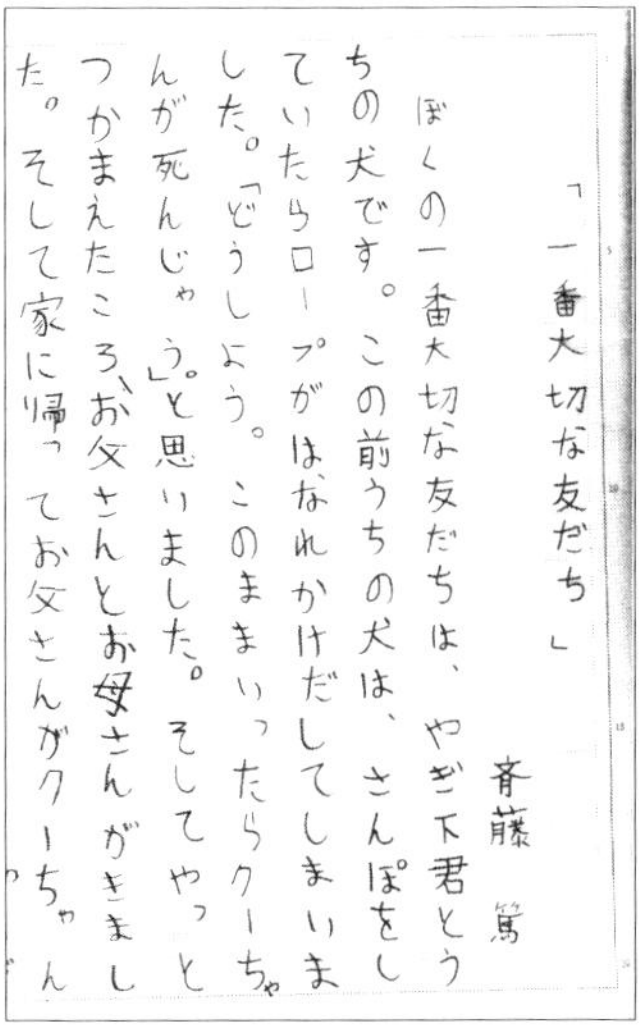

「一番大切な友だち」

斉藤　篤

ぼくの一番大切な友だちは、やぎ下君とうちの犬です。この前うちの犬は、さんぽをしていたらロープがはなれかけだしてしまいました。「どうしよう。このままいったらクーちゃんが死んじゃう。」と思いました。そしてやっとつかまえたころ、お父さんとお母さんがきました。そして家に帰ってお父さんがクーちゃん

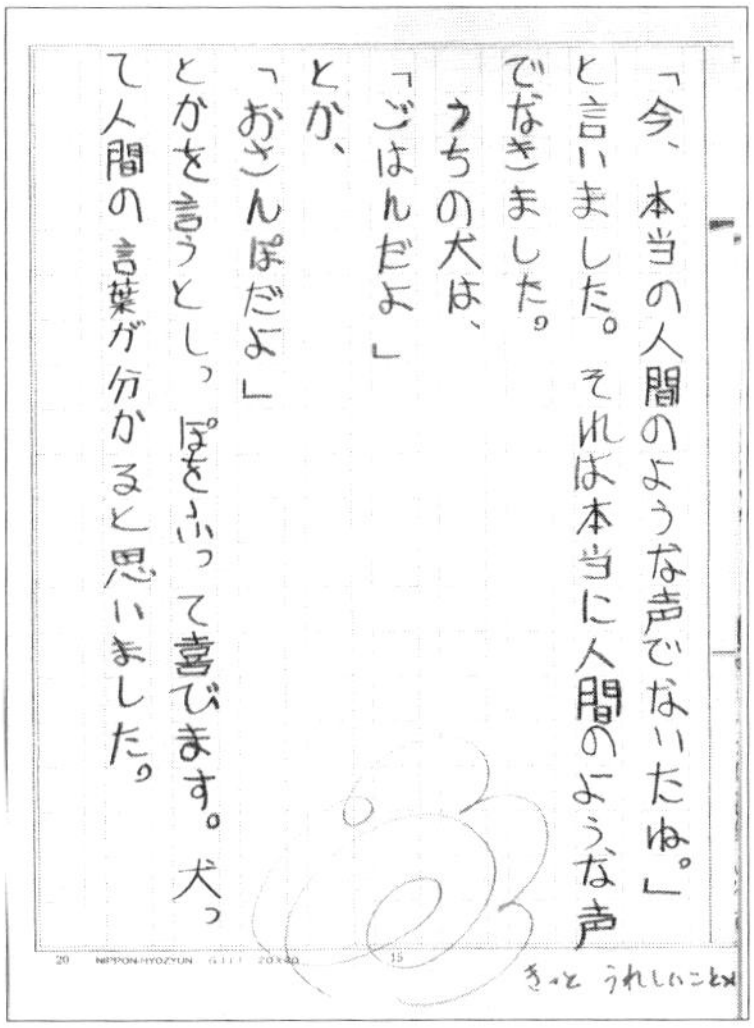

「今、本当の人間のような声でないたぬ。」と言いました。それは本当に人間のような声でなきました。

うちの犬は、

「ごはんだよ」

とか、

「おさんぽだよ」

とかを言うとしっぽをふって喜びます。犬って人間の言葉が分かると思いました。

20　NIPPON-HYOZYUN　G111　20×20　15

きっと　うれしいことが

だって、犬《いぬ》のクー太《た》が、おでこにしわをよせて、にんげんみたいに「にゃっ！」と笑《わら》ったんだもん。

でも、篤《あつし》も小《ちい》さいころには、クー太《た》をずいぶんからかった。

マヨネーズ遊《あそ》びもそのひとつだ。マヨネーズのプラスティックの容器《ようき》の蓋《ふた》に、小《ちい》さな穴《あな》をあけて、そこから空気《くうき》を、クー太《た》の鼻先《はなさき》めがけて「プシュッ！」と吹《ふ》き出《だ》す。

いやがってクー太《た》が逃《に》げ出《だ》すと、追《お》いかけていって、また「プシュッ！」。

クー太《た》が歯《は》をむき出《だ》して怒《おこ》っても、また「プシュッ！」。

こう書《か》いてみると、篤《あつし》もクー太《た》に負《ま》けないいいたずら坊主《ぼうず》だったね。

やさしい奥秋《おくあき》さん

そんなクー太《た》の容態《ようたい》が変《か》わったのは、その年《とし》も押《お》しせまった十二月《がつ》の半《なか》ばだった。

お母《かあ》さんが泣《な》きながら、篤《あつし》に電話《でんわ》をかけてきた。

「クーがなんにも食《た》べないの」

「だいじょうぶ。きのうはちゃんと食《た》べたでしょ！　点滴《てんてき》にいったらいつも元気《げんき》になるじゃない」

篤《あつし》はなぐさめた。

それでもお母《かあ》さんは、心配《しんぱい》で、いてもたってもいられない。

「なんとかして食《た》べさせたい。カステラなら食《た》べてくれるかな？」

お母《かあ》さんは、クー太《た》の大好《だいす》きなカステラを買《か》いにいった。

でも、その日《ひ》は、上等《じょうとう》なカステラが手《て》に入《はい》らず、スーパーで売《う》っていたパック入《い》りのカステラしか買《か》えなかった。

たまたま、そのときに、クー太《た》のようすを見《み》に現《あらわ》れたのが奥秋《おくあき》さんだった。

お母《かあ》さんは、そわそわしながら、奥秋《おくあき》さんにカステラを勧《すす》めた。

「すみません。これ、クーのなんですが、食《た》べていただけますか？クーは上等《じょうとう》のしか食《た》べてくれなくて……」

考《かんが》えてみたら失礼《しつれい》な話《はなし》だけれど、なにしろお母《かあ》さんの頭《あたま》には、クー太《た》のことしかない。

やさしい奥秋《おくあき》さんは、にこにこしながらカステラを食《た》べてくれた。

それだけではない。その次《つぎ》にクーに会《あ》いに来《き》た奥秋《おくあき》さんが、クー太《た》のために、上等《じょうとう》のカステラをおみやげに持《も》ってきてくれたのだ。

お母《かあ》さんは、奥秋《おくあき》さんの気持《きも》ちがどんなにうれしかったか！

お母《かあ》さんはふと思《おも》った。

(クーには、奥秋《おくあき》さんのやさしさがわかるんだ)

ふしぎなことだが、それから亡《な》くなるまでに、クー太《た》は、いくつもの名場面《めいばめん》を奥秋《おくあき》さんに撮影《さつえい》させてくれた。

たとえばクー太《た》が、夢《ゆめ》のなかで走《はし》り回《まわ》るところ。

この話《はなし》は、奥秋《おくあき》さんが齋藤《さいとう》さんから聞《き》いて、

「そんな場面《ばめん》を撮影《さつえい》できたらな」

と考《かんが》えていたところだ。

でも、いつクー太《た》が夢《ゆめ》を見《み》て、しかも現実《げんじつ》に走《はし》り回《まわ》る動作《どうさ》をするかなど、だれにもわからない。

もちろん、奥秋《おくあき》さんだって、毎日《まいにち》、クー太《た》に張《は》り付《つ》いているわけではない。それなのにクー太《た》は、たまたま奥秋《おくあき》さんたちスタッフがカメラを持《も》って、齋藤《さいとう》さんの家《いえ》で取材《しゅざい》をしていたときに、外《そと》で元気《げんき》に走《はし》り回《まわ》る夢《ゆめ》を見《み》たのだ。

「奥秋《おくあき》さん、ちょっと見《み》てください。クー太《た》が夢《ゆめ》をみています」

篤《あつし》の声《こえ》に、奥秋《おくあき》さんがふりむくと、クー太《た》が仰向《あおむ》けになったまま、まるで走《はし》っているかのように四本《ほん》の足《あし》を動《うご》かしている。

「走《はし》ってる、走《はし》ってる！」

篤《あつし》が声《こえ》をあげる。

「クー太《た》は、夢《ゆめ》のなかでは、青年《せいねん》なんだね」

お父《とう》さんが、感慨《かんがい》をこめて言《い》う。

でも、それだけではない。クー太《た》は、テレビを見《み》ている、たくさんの人々《ひとびと》に証明《しょうめい》してくれたのだ。

「犬《いぬ》も夢《ゆめ》をみる」

「夢《ゆめ》のなかで走《はし》り回《まわ》る」

動物《どうぶつ》に感情《かんじょう》なんかあるものか！　と決《き》めつける人《ひと》もいるけれど、
動物《どうぶつ》にだって心《こころ》がある。

楽《たの》しい思《おも》い出《で》も、悲《かな》しい思《おも》い出《で》も、心《こころ》の中《なか》に、そっとしまいこまれている。

十九日《にち》、散歩《さんぽ》から帰《かえ》ったクー太《た》が、がたがたとふるえはじめた。

「痙攣《けいれん》だ。これは痙攣《けいれん》だよね」

クー太《た》をだっこするお母《かあ》さんの声《こえ》がうわずっている。

ちょうどその夜《よる》は、クー太《た》の「夜中《よなか》の散歩《さんぽ》」を撮影《さつえい》したいと、奥秋《おくあき》さんたちスタッフが、齋藤《さいとう》さんの家《いえ》を訪《おとず》れていた。

たまたま、そんな状況《じょうきょう》のときに、クーちゃんの調子《ちょうし》がおかしくなったのだ。

夜中《よなか》の一時《じ》、クーちゃんを抱《だ》っこして病院《びょういん》にかけこむお父《とう》さんたちを、カメラがそっと追《お》いかけた。

夜中《よなか》なのに、いやな顔《かお》ひとつせずに、クー太《た》の手当《てあ》てをする金子《かねこ》

クー太18歳《さい》10ヵ月。

12月20日の検査記録《けんさきろく》。

検査日 2005 年 12 月 20 日

検査項目	正常値	測定値		考えられる主な疾患
赤血球容積率（PCV）	犬 37~55	36.0 (41)	↑	脱水・心疾患・呼吸器疾患・骨髄癌
	猫 32~45	%	↓	再生性貧血（出血、溶血） 非再生性貧血（炎症、腎不全、鉄欠乏、骨髄疾患）
赤血球数（RBC）	犬 5.8~8.5	6.20		MCV（→）MCHC（→）正球性正色素性貧血
	猫 5.5~10.0	×10⁶	貧	→慢性感染症・腫瘍・腎不全・甲状腺機能低下症
ヘモグロビン（Hb）	犬 12.0~18.0	11.9	血	MCV（↑）MCHC（→）大球性正色素性貧血
	猫 8.0~14.0	g/dl	の	→VB_{12}欠乏症・葉酸欠乏症
平均赤血球容積（MCV）	犬 60~72	58.1	分	MCV（↑）MCHC（↓）大球性低色素性貧血
	猫 37~49	fl	類	→出血・溶血
平均赤血球ヘモグロビン濃度（MCHC）	犬 31~37	33.1		MCV（↓）MCHC（↓）小球性低色素性貧血
	猫 30~36	g/dl		→鉄欠乏・VB_6欠乏症・慢性失血
網状赤血球（Ret）	犬 0~1.5			赤血球再生能の評価
	猫 0.2~1.6	%		
網状赤血球指数（RPI）	犬 2<			
	猫 2<			
総白血球数（WBC）	犬 6000~17000	21600		
	猫 5500~19500	/μl		
桿状核好中球（Band-N）	犬 0~300	0	↑	急性炎症
	猫 0~300	/μl		
		19224	↑	ストレス・炎症性・副腎皮質機能亢進症・ステロイド剤
		/μl	↓	ウイルス感染症（パルボウイルス感染症など） 化学薬品・重金属・甚急性炎症（左方移動を伴う）
		1080	↑	生理的（特に猫）猫白血病ウイルス感染症・リンパ腫・リンパ性白血病
		/μl	↓	ストレス・副腎皮質機能亢進症・ステロイド剤
		864	↑	慢性炎症・ストレス・細胞壊死
		/μl		
		432	↑	全身性過敏症（内部・外部寄生虫、アレルギー性疾患）腫瘍（肥満細胞腫、リンパ腫など）
		/μl	↓	ストレス・副腎皮質機能亢進症・ステロイド剤・ウイルス性疾患（猫白血病・犬ジステンパー）
		0	↑	全身性過敏症など
		/μl		
		309	↑	脾臓摘出・鉄欠乏・糖尿病・骨髄腫瘍
		×10³/μl	↓	播出性血管内凝固・感染症・炎症・薬物
		7.2	↑	脱水・老齢・腫瘍・感染（FIP・FIV・FeLV）
		g/dl	↓	幼若動物・肝疾患・腎疾患・火傷・飢餓・消化吸収不良・蛋白喪失性腸症
		2	↑	肝胆管系疾患・溶血性疾患・糖尿病

検査記録

名前 サイトウ クータ ちゃん

カルテNO. 779

性別 ♂ ♀ ⚦ ⚲

動物種 （犬・猫・ウサギ・フェレット）

検査日 2005 年 12 月 20 日

HAYAMA ANIMAL HOSPITAL

コンパニオンアニマルケアー

葉山どうぶつ病院

先生《せんせい》。

緊迫《きんぱく》の状況《じょうきょう》がテレビをみているみんなにも伝《つた》わってきた。

「クーちゃん、かわいそう！　早《はや》くなおしてあげて！」

テレビの前《まえ》で、みんなも胸《むね》をどきどきさせた。

次《つぎ》の日《ひ》から、クー太《た》の病院通《びょういんがよ》いがはじまった。

点滴《てんてき》を受《う》けると、クー太《た》の体《からだ》は、少《すこ》し元気《げんき》をとりもどすように思《おも》えた。

二十四日《か》、クリスマスイブの日《ひ》。齋藤家《さいとうけ》では久《ひさ》しぶりに、みんなが集《あつ》まって食事会《しょくじかい》をした。

クー太《た》も元気《げんき》で、篤《あつし》が買《か》ってきた大好物《だいこうぶつ》のカスターをよろこんで食《た》べた。

ところが、次《つぎ》の日《ひ》の朝《あさ》には、調子《ちょうし》が悪《わる》くなった。ごはんを食《た》べない。水《みず》ものまない。

心配《しんぱい》になったお母《かあ》さんは、また、篤《あつし》に電話《でんわ》をかけた。

「だいじょうぶ。きのうもごはん食《た》べたでしょ。いつも点滴《てんてき》に行《い》くと元気《げんき》になるじゃない」

明《あか》るい篤《あつし》の声《こえ》にはげまされてお母《かあ》さんは、お父《とう》さんといっしょに、クーを散歩《さんぽ》に連《つ》れ出《だ》した。

いつもは、なんとか歩《ある》くクー太《た》なのに、その日《ひ》にかぎって、四本《ほん》の足《あし》がもたついてうまく歩《ある》けない。

お父《とう》さんは、ベルトと首《くび》のタオルを持《も》ち、お母《かあ》さんは、後《うし》ろ足《あし》を持《も》って、

「いちに、いちに、みぎ、ひだり、みぎ、ひだり……」

と、やっとのことで歩《ある》かせる。

「クー太《た》、がんばれ、クー太《た》、がんばれ！」

なんとかクー太《た》が元気《げんき》になるようにと、祈《いの》るような気持《きも》ちで、散《さん》歩《ぽ》を終《お》わらせた。

けれども、二十六日《にち》になってもクー太《た》の元気《げんき》は思《おも》うようにはもどらなかった。

それでも、散《さん》歩《ぽ》にだけは行《い》きたがった。

朝《あさ》の散《さん》歩《ぽ》に行《い》くと、オシッコの出《で》が悪《わる》かった。ほんの少《すこ》しずつ、

たら、たら、たら……、としか出《で》てこない。

「こまったなあ。こんな調子《ちょうし》では、クーは、どうにかなってしまう」

お母《かあ》さんの心配《しんぱい》は当《あ》たっていた。

家《いえ》に連《つ》れて帰《かえ》ってもクー太《た》は、ごはんを食《た》べないどころか、水《みず》ものまなくなった。

「早《はや》く、病院《びょういん》に連《つ》れていこう！　点滴《てんてき》で元気《げんき》をとりもどさせるしかないと思《おも》う」

クー太《た》の病状《びょうじょう》が心配《しんぱい》でたまらないお母《かあ》さんだったが、飼《か》い犬《いぬ》のことで学校《がっこう》を休《やす》むわけにはいかない。

ぐったりしているクー太《た》に、お母《かあ》さんはやさしく言《い》い聞《き》かせた。

「もうすぐ学校《がっこう》がお休《やす》みになるのよ。そうしたらお母《かあ》さん、ずっとずっとクー太《た》といっしょにいてあげるからね。それまでがんばろうね、ね、クーちゃん」

「クオッ、クオッ……」

クー太《た》は、うすく目《め》をあけて甘《あま》えるように鳴《な》いた。


けっきょく、その日《ひ》は、お父《とう》さんに病院《びょういん》行きを頼《たの》んで、お母《かあ》さんは学校《がっこう》に出《で》かけた。

夕方《ゆうがた》、お父《とう》さんとふたりで、クー太《た》を病院《びょういん》まで迎《むか》えにいった。点滴《てんてき》をうけたというのに、クー太《た》はまるで元気《げんき》がなかった。

家《いえ》にもどってからも、クー太《た》がどんどん弱《よわ》っていくような気《き》がして、お母《かあ》さんはたまらない気持《きも》ちになった。

胸《むね》がつまって、自分《じぶん》もごはんが食《た》べられない。食卓《しょくたく》に座《すわ》っても、クー太《た》のことばかり考《かんが》えていた。

とってもさびしい晩《ばん》ごはんだった。

いっしょにクー太《た》のめんどうを見《み》てくれた篤《あつし》も家《いえ》を出《で》て、そう毎日《まいにち》は来《き》てもらえない。

いたずらをしては、みんなを笑《わら》わせたクー太《た》。

あんなにかわいかった子犬《こいぬ》のクーちゃんが、食《た》べる元気《げんき》までなくして、ただひたすらに、眠《ねむ》り続《つづ》けている。

「このさき、どうなるのかしら？　ちゃんと治《なお》ってくれるといいけれど」

不安《ふあん》で胸《むね》がしめつけられるようだった。

「クーちゃん、おねがい！　もういちど、元気《げんき》になって、ごはんを食《た》べて！」

お母《かあ》さんは心《こころ》からそう願《ねが》った。

そのときだった。

クー太《た》が急《きゅう》に目《め》をさまして、「ワン！」と鳴《な》いた。

「まさか！」

信《しん》じられない思《おも》いだった。

「いまだ！」

お母《かあ》さんは、キッチンに走《はし》った。

「いそいで食《た》べさせなきゃ」

あんなに弱《よわ》っていたクー太《た》が、元気《げんき》な声《こえ》でお母《かあ》さんを呼《よ》んだ。

はっきりとした声《こえ》で呼《よ》んだのだ。

お母《かあ》さんは、用意《ようい》してあったクー太《た》のごはんをあわてて温《あたた》めた。

驚《おどろ》いたことにクー太《た》は、おいしそうに食《た》べはじめた。

「お父《とう》さん、つぎ！　おかわり、早《はや》く！」

あわてて残《のこ》りを温《あたた》めなおす。

クー太《た》は、それもぱくぱくと平《たい》らげた。

食後《しょくご》の水《みず》もゴクゴクのんだ。

「よかった！」

「点滴《てんてき》がきいたんだな。これで元気《げんき》なクー太《た》にもどれるだろう」

クー太《た》が、食《た》べた。元気《げんき》な声《こえ》が出《だ》せた。

それだけのことで、ふたりの心《こころ》が見違《みちが》えるように明《あか》るくなって、お母《かあ》さんも安心《あんしん》して晩《ばん》ごはんを食《た》べることができた。

もう安心《あんしん》だ。クー太《た》は、いつものように元気《げんき》になるだろう。

「なあ千歳《ちとせ》、よかったね。クーをゆっくりねかせてやろうよ」

うれしそうにお父《とう》さんが言《い》った。

「そうね。私《わたし》もここでいっしょに寝《ね》よう」

お母《かあ》さんは、クー太《た》の体《からだ》をいつものように、やさしくマッサージした。

クー太《た》が、大好《だいす》きだったリビングのホットカーペット……。お母《かあ》さんは、クー太《た》に添《そ》い寝《ね》をしながらいつのまにか、ぐっすりと眠《ねむ》ってしまった。

クー太《た》の旅《たび》だち

「ちょっとクーがおかしいんだ」

お父《とう》さんに起《お》こされて、お母《かあ》さんは飛《と》び起《お》きた。

お母《かあ》さんが、ぐっすり眠《ねむ》っていた夜中《よなか》の十二時《じ》ごろ、お父《とう》さんは、クー太《た》の散歩《さんぽ》に行《い》った。

寝《ね》る前《まえ》に、お父《とう》さんがクー太《た》のようすを見《み》に行《い》くと、クー太《た》が、さかんに足《あし》を動《うご》かしていた。

（たくさん食《た》べたから出《だ》したいのかな？）

そう思《おも》ったお父《とう》さんは、クー太《た》を散歩《さんぽ》に連《つ》れて行《い》くことにした。

お母《かあ》さんには、いっしょに散歩《さんぽ》にいこうねと、約束《やくそく》していたが、疲《つか》れてねむりこんでいるお母《かあ》さんをみると、起《お》こせなかった。

「クーはこんなに元気《げんき》だから、ひとりで行《い》ってもだいじょうぶだ」

夜中《よなか》の散歩《さんぽ》は寒《さむ》かった。あついジャケットを重《かさ》ね着《ぎ》しても、冷《ひ》えこみでふるえがくるほどだ。

それなのに、クー太《た》は、どうしたことか、いままでになく元気《げんき》だった。

体《からだ》は支《ささ》えられているものの、どんどん前足《まえあし》を動《うご》かす。

「よかった。よかった！　あれだけごはんを食《た》べたからな」

ところが、家《いえ》に帰《かえ》ったクー太《た》は、うまれてはじめて尿《にょう》をもらした。

（こんなことは、はじめてだ。なぜ？）

不安《ふあん》を感《かん》じながら始末《しまつ》すると、また、キッチンの床《ゆか》に、大量《たいりょう》にこぼしてしまう。

(どうしたのかな？)

いぶかりながらお父《とう》さんはクー太《た》に話《はな》しかけた。

「いいから、いいから、すぐにきれいにしてあげるよ」

温《あたた》かいお湯《ゆ》で、クー太《た》の汚《よご》れたところを洗《あら》ってやって、いつものようにねかせようとすると、どうもようすが違《ちが》う。

そのうちにクー太《た》が、ぐたっとなった。

「これは大変《たいへん》だ！」

大急《おおいそ》ぎで、支度《したく》をすると、ふたりで病院《びょういん》にかけつけた。

金子先生《かねこせんせい》は、全力《ぜんりょく》をつくして、クー太《た》の手当《てあ》てをしてくださったが、クー太《た》は二度《ど》と目《め》を覚《さ》まさなかった。
二十七日《にち》の朝《あさ》はやく、クー太《た》は静《しず》かに天《てん》に旅立《たびだ》っていった。
クー太《た》、十八歳《さい》と十カ月《げつ》。幸《しあわ》せな一生《いっしょう》だった。
クー太《た》を亡《な》くした齋藤《さいとう》さんの家《いえ》では、ひっそりと新年《しんねん》を迎《むか》えた。
「さびしいなあ」
お父《とう》さんは、久《ひさ》しぶりに、クー太《た》とよく散歩《さんぽ》にいった海岸《かいがん》にでかけた。
新春《しんしゅん》の光《ひかり》のなかで、ひとりの青年《せいねん》が老犬《ろうけん》の散歩《さんぽ》をさせていた。
毛並《けな》みの乱《みだ》れたブチの老犬《ろうけん》。歩《ある》き方《かた》がクー太《た》にそっくりだ。
お父《とう》さんは、遠《とお》くから話《はな》しかけた。

クー太へ
Yくん

てん国にいる、
くーちゃんへ
くーちゃん、わたしくーちゃんのテレビをみて、ないちゃった。くーちゃんもないちゃったよね、だってもう、くーちゃんの、おとうさん、おかあさんやまゆ先生や、あつしさんとも、いっしょにお
Kちゃん

ＮＨＫの番組《ばんぐみ》をみた生徒《せいと》たちの感想文《かんそうぶん》の一部《いちぶ》です。

「もう、お年寄《としよ》り？」

「ええ、十五歳《さい》です」

「十五歳《さい》！　同《おな》じ歩《ある》き方《かた》をするなあ。まっすぐ歩《ある》かずに、横歩《よこある》きをするんだ」

齋藤《さいとう》さんは、すたすたと近《ちか》づいていった。

「このワンちゃんをみていると、うちのクー太《た》を思《おも》い出《だ》すなあ」

☆　☆

横歩《よこある》きをするワンちゃん……。

わたしは、動物保護団体《どうぶつほごだんたい》の人《ひと》が助《たす》け出《だ》した、メリーというビーグル犬《けん》を思《おも》い出《だ》していた。

メリーは、〝実験用《じっけんよう》の犬《いぬ》〟として、実験施設《じっけんしせつ》で繁殖《はんしょく》させられた。

ＮＨＫの番組《ばんぐみ》をみて、クー太のにがお絵《え》をかいてくれました。

子犬《こいぬ》のころから、メリーは、製薬会社《せいやくがいしゃ》で医薬品《いやくひん》の毒性《どくせい》を調《しら》べるテストに使《つか》われていた。

毒物《どくぶつ》に苦《くる》しめられるつらい毎日《まいにち》。

ようやく実験《じっけん》が終《お》わって、体《からだ》の調子《ちょうし》がもとにもどると、こんどは外科手術《げかしゅじゅつ》の実験台《じっけんだい》にされることになった。

製薬会社《せいやくがいしゃ》から、ある国立病院《こくりつびょういん》の実験施設《じっけんしせつ》に送《おく》られたメリーは、シロちゃんという「捨《す》て犬実験犬《いぬじっけんけん》」や、ほかの何匹《なんびき》かの犬《いぬ》たちといっしょに「脊髄《せきずい》の切断《せつだん》」という残酷《ざんこく》な手術《しゅじゅつ》を受《う》けた。

手術《しゅじゅつ》が終《お》わると、小《ちい》さな鉄《てつ》のケージにもどされて、ひとりぼっちで痛《いた》みに耐《た》えた。どんなにつらかったことだろう。

やっとのことで傷《きず》がなおっても、研究者《けんきゅうしゃ》のだれひとり、メリーのようすを見《み》にくるものはいなかった。

「研究《けんきゅう》をするため」という口実《こうじつ》で、メリーの手術《しゅじゅつ》をした医師《いし》が、どこかに転勤《てんきん》になり、メリーはそのまま、忘《わす》れ去《さ》られてしまったのだ。

メリーは、その後《ご》の五年間《ねんかん》というもの、小《ちい》さなケージのなかで、ただ意味《いみ》もなく飼《か》われていた。

ある日《ひ》、ぐうぜん訪《おとず》れた動物保護《どうぶつほご》の団体《だんたい》の人《ひと》に、犬《いぬ》たちの世話《せわ》をしていたおじさんが、見《み》るにみかねて保護《ほご》を頼《たの》んだ。

メリーは、国《くに》が税金《ぜいきん》を使《つか》って動物実験《どうぶつじっけん》をしていた国有財産《こくゆうざいさん》だったはずだが、メリーがいなくなったことに気《き》がついた人《ひと》は、誰《だれ》ひとりいなかった。

メリーは、いったい、なんのためにつらい苦《くる》しい手術《しゅじゅつ》をされたのだろう?

その後《ご》、メリーは、やさしい家庭《かてい》にひきとられ、うまれてはじめて、にんげんの愛《あい》を知《し》った。

手術《しゅじゅつ》の苦《くる》しみから、メリーはふつうに歩《ある》けず、たった五歳《さい》なのに、クー太《た》たちと同《おな》じ横歩《よこある》きしかできなかった。

神経《しんけい》を切《き》られていたため、おしっこもうんちもたれながしだった。

それでもメリーは、さまざまな後遺症《こういしょう》に打《う》ち勝《か》って、その後《ご》の九年間《ねんかん》は、飼《か》い主《ぬし》のあたたかい愛情《あいじょう》を受《う》けて幸《しあわ》せに暮《く》らし、一九九九年《ねん》三月《がつ》に推定年齢《すいていねんれい》十六歳《さい》で亡《な》くなったという。

鎌倉《かまくら》の海岸《かいがん》で、楽《たの》しそうに走《はし》り回《まわ》る犬《いぬ》たち。それを見守《みまも》るやさしい飼《か》い主《ぬし》たち。

でも、幸《しあわ》せな犬《いぬ》たちの陰《かげ》に、どれだけたくさんの、恵《めぐ》まれない犬《いぬ》たちがいることだろう。

昨年《さくねん》、捨《す》てられて、動物管理《どうぶつかんり》センターに持《も》ちこまれ、そこのガス室《しつ》で殺《ころ》されてしまった犬《いぬ》たちは、全国《ぜんこく》で十四万《まん》八千匹《せんびき》だという。

(猫《ねこ》は、二十四万《まん》四千匹《せんびき》)

同《おな》じ犬《いぬ》なのに、どうして幸《しあわ》せな犬《いぬ》と、かわいそうな犬《いぬ》とに分《わ》かれてしまうのだろう。

クー太《た》のお話《はなし》を書《か》いていると、どうしてもそんなことを考《かんが》えてしまう。

みんなが、齋藤《さいとう》さん一家《いっか》のように、相手《あいて》の身《み》になって、物事《ものごと》を考《かんが》えることができたら、きっと、捨《す》て犬《いぬ》だって減《へ》ると思《おも》う。

いじめだって少《すく》なくなる。

戦争《せんそう》だってなくなるかもしれない。

そうすればテロも起《お》こらない。

そんな世《よ》の中《なか》になるといいな。


さて、こんな話《はなし》をクーちゃんが聞《き》いたらどう思《おも》うかな？

きっとクーちゃんは、にんげんの顔《かお》になってこういうと思《おも》う。

「なんだ、おまえらしっかりせい！　うちの父《とう》ちゃんと母《かあ》ちゃんをお手本《てほん》にしな！」


（おわり）

「かわいいクー太、あまったれのクー太、いつも、いつもいっしょだよ！」

碧空《へきくう》を翔《か》けよ、クー太

齋藤《さいとう》　彰《あきら》

「今《いま》、帰《かえ》ったよ」と玄関《げんかん》の戸《と》を開《あ》けても、何《なん》の応答《おうとう》もない。静寂感《せいじゃくかん》のみが伝《つた》わってくる。そう、妻《つま》はまだ仕事《しごと》から戻《もど》ってないし、息子《むすこ》は結婚《けっこん》して家《いえ》を離《はな》れてしまったからだ。そして何《なに》よりもわたしの帰《かえ》りをいつも待《ま》ちわびてくれていた愛犬《あいけん》クー太《た》が、昨年《さくねん》の暮《く》れに十八歳《さい》十ヵ月《げつ》で、空《そら》へ旅立《たびだ》ってしまったからだ。

このクー太《た》が家族《かぞく》の一員《いちいん》となったのは、息子《むすこ》が小学校《しょうがっこう》一年生《ねんせい》も終《お》わろうとする、昭和《しょうわ》六十二年《ねん》三月三日《がつみっか》の午後《ごご》八時《じ》ごろのことである。生《う》まれてちょうど一ヵ月《げつ》のチビ犬《た》は、両手《りょうて》の中《なか》に収《おさ》まるぐらいの大《おお》きさであった。これが、わたしと妻《つま》、中一《ちゅういち》の娘《むすめ》、それに息子《むすこ》がクー太《た》に出会《であ》った最初《さいしょ》であった。

この「クー太《た》」について、偶然《ぐうぜん》なことからＮＨＫの取材《しゅざい》を受《う》けることになった。

平成《へいせい》十七年《ねん》十月《がつ》のことである。「クー太《た》」が十八歳《さい》八ヵ月《げつ》のことであった。三ヵ月《げつ》におよぶ取材《しゅざい》は、ドキュメンタリー番組《ばんぐみ》として、「にんげんドキュメント・『老犬《ろうけん》クー太《た》18歳《さい》』」にまとめられた。放送《ほうそう》は翌年《よくとし》の平成《へいせい》十八年《ねん》二月《がつ》五日《いつか》が最初《さいしょ》で、その後《ご》も何回《なんかい》か再放送《さいほうそう》された。番組《ばんぐみ》は、年老《としお》いた「クー太《た》」にかかわる家族全員《かぞくぜんいん》の介護《かいご》が中心《ちゅうしん》になっている。

今《いま》でも思《おも》い浮《う》かぶのは、支《ささ》えられてしか歩《ある》くことができなくなったクー太《た》が、眠《ねむ》りながら四本《ほん》の足《あし》を一生懸命《いっしょうけんめい》に動《うご》かしている姿《すがた》である。夢《ゆめ》の中《なか》で、若《わか》い頃《ころ》を思《おも》い出《だ》して、元気《げんき》に走《はし》り回《まわ》っているようだった。

「クー太《た》よ、元気《げんき》に碧空《へきくう》を翔《か》け回《まわ》れ！　ありがとう。わたしは、クー太《た》からいろいろなことを教《おし》えてもらったよ」

クー太《た》は、人生《じんせい》の先達《せんだつ》であった。老《お》いるとはどういうことか。そして、何《なに》よりも、その時《とき》その時《とき》を全力《ぜんりょく》で生《い》きるということを身《み》をもって示《しめ》してくれた。

本当《ほんとう》にありがとう、クー太《た》！

懸命《けんめい》に生《い》きる姿《すがた》は、人《ひと》もペットも同《おな》じ

NHKディレクター　奥秋《おくあき》　聡《さとる》

首《くび》にタオル、お腹《なか》にはベルトを巻《ま》かれ、散歩《さんぽ》するクー太《た》。「ウーッ」と、時折《ときおり》、苦《くる》しそうな声《こえ》を上《あ》げる。わたしは、初《はじ》めてその姿《すがた》を見《み》たとき、クー太《た》がつらそうで、一瞬《いっしゅん》、目《め》をそむけたくなった。「クー太《た》はほんとうに散歩《さんぽ》したいのかな？　ゆっくり休《やす》んでいたんじゃないかな？」とも思《おも》ってしまった。

その日《ひ》、散歩《さんぽ》を終《お》えたクー太《た》は、彰《あきら》さんに抱《だ》きかかえられると、しっぽをプリプリふった。「ありがとう」といっているようだった。そのとき彰《あきら》さんは「この子《こ》は、面倒《めんどう》を見《み》てあげると、こたえてくれるんだよ」といった。最期《さいご》まで介護《かいご》したいと願《ねが》う彰《あきら》さんと、言葉《ことば》は話《はな》せないけど何《なに》かを伝《つた》えようとするクー太《た》。クー太《た》を撮影《さつえい》したいと思《おも》ったのは、その時《とき》のことだった。

テレビを見《み》た多《おお》くの人《ひと》の目《め》には、クー太《た》の姿《すがた》が焼《や》きついた。「愛犬《あいけん》の最期《さいご》と重《かさ》ね合《あ》わせて見《み》た」という人《ひと》から、「母親《ははおや》の介護《かいご》をどうしたらいいか、考《かんが》えるきっかけになった」という人《ひと》もいた。クー太《た》が懸命《けんめい》に生《い》きる姿《すがた》は、何《なに》かを感《かん》じさせてくれます。あなたは何《なに》を感《かん》じますか？

[著者] 井上夕香（いのうえ　ゆうか）

童話作家。「星空のシロ」（国土社）、「実験犬シロのねがい」（ハート出版）、

「ばっちゃん」（小学館）、「み～んなそろって学校へ行きたい」（晶文社）などが人気。ヨルダン関係の大人向き著書として「イスラーム 魅惑の国・ヨルダン」（梨の木舎）、「『アラビアンナイト』と現代のアラブの魔法使い」（てらいんく・ファンタジー研究会アンソロジー）などがある。「毎日新聞児童小説新人賞」「小川未明文学賞優秀賞」「けんぶち絵本の里大賞」など受賞。

●ご協力いただいた方々
齋藤さんご一家、ＮＨＫ首都圏ネットワーク・奥秋聡さん
ＮＨＫ「にんげんドキュメント」、葉山動物病院

老犬《ろうけん》クー太《た》 命《いのち》あるかぎり

平成18年7月19日　第1刷発行

著　者　井上夕香
発行者　日高裕明
発　行　株式会社ハート出版

ハート出版ホームページ
http://www.810.co.jp

〒171-0014
東京都豊島区池袋 3-9-23
TEL.03-3590-6077
FAX.03-3590-6078

定価はカバーに表示してあります

印刷・製本／図書印刷

ISBN4-89295-545-0 C8093

© Inoue Yuuka

１万人の署名が行政を変えた！実話

実験犬シロのねがい

捨てないで！傷つけないで！殺さないで！

井上夕香・作

葉 祥明・絵

捨てられた犬や猫は、こっそり動物実験に回されています。このシロの事件をきっかけに、全国で払い下げ廃止へ動いた!!

A5上製144頁　本体1200円